ESSAI

SUR LES

EAUX THERMALES

DE

Saint-Laurent-les-Bains

ET

OBSERVATIONS PRATIQUES

A l'appui des Propriétés Médicales de ces Eaux

Renfermant un Exposé des différents Systèmes qui ont été publiés sur la Recherche de la cause de la chaleur des Eaux thermales

PAR

A.-J.-Maurice FUZET DU POUGET

Inspecteur des Eaux thermales de Saint-Laurent, ex-Chirurgien militaire, ancien Chirurgien externe de l'Hôtel-Dieu Saint-Éloi de Montpellier, Membre de l'Académie des Sciences physiques et industrielles, de la Société d'agriculture du département de l'Ardèche et de la Société hygiénique de salubrité de l'arrondissement de Largentière, même département, etc., etc.

NOUVELLE ÉDITION

Publiée par son fils, Docteur Édouard FUZET DU POUGET

Médecin-Inspecteur des Eaux de Saint-Laurent

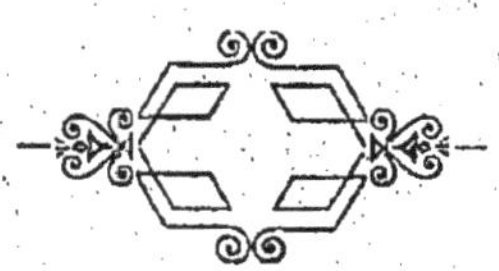

ALAIS

& Lith. A. BRUGUEIROLLE, Grand'Rue, 93

1892

ESSAI

SUR LES

EAUX THERMALES

DE

Saint-Laurent-les-Bains

ESSAI

SUR LES

EAUX THERMALES

DE

Saint-Laurent-les-Bains

ET

OBSERVATIONS PRATIQUES

A l'appui des Propriétés Médicales de ces Eaux

Renfermant un Exposé des différents Systèmes qui ont été publiés
sur la Recherche de la cause de la chaleur
des Eaux thermales

PAR

A.-J.-Maurice FUZET DU POUGET

Inspecteur des Eaux thermales de Saint-Laurent, ex-Chirurgien militaire, ancien Chirurgien externe de l'Hôtel-Dieu Saint-Éloi de Montpellier, Membre de l'Académie des Sciences physiques et industrielles, de la Société d'agriculture du département de l'Ardèche et de la Société hygiénique de salubrité de l'arrondissement de Largentière, même département, etc., etc.

NOUVELLE ÉDITION

Publiée par son fils, Docteur Édouard FUZET DU POUGET

Médecin-inspecteur des Eaux de Saint-Laurent

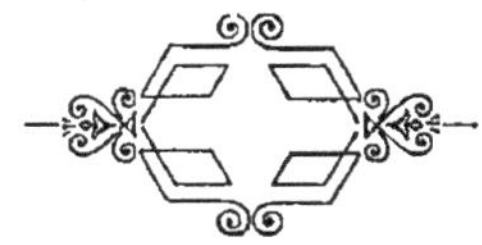

ALAIS

Typog. & Lith. A. BRUGUEIROLLE, Grand'Rue, 93

1892

PRÉFACE

Des améliorations importantes ayant été faites, ces dernières années, aux *Établissements thermaux de Saint-Laurent-les-Bains,* et un aménagement sérieux ayant été apporté à l'installation balnéaire de ces eaux, je me décide à faire paraître une seconde édition de la *Notice sur les Eaux de Saint-Laurent,* imprimée en 1852 et publiée par mon père, inspecteur de cette station.

Je ne veux rien changer à cet opuscule, qui me paraît être un traité assez complet sur les *Eaux de Saint-Laurent.* Quelques idées médicales et quelques théories scientifiques, émises dans cet ouvrage, ne sont plus, aujourd'hui, en rapport avec les connaissances et les découvertes modernes; mais, voulant laisser au travail de mon père tout son mérite, je ne veux en rien les modifier.

Je me contenterai de joindre, aux analyses relatées dans cette brochure, celles que je dois à l'obligeance de quelques amis bienveillants; mais, toutes ces analyses ayant été faites loin de la source, ne doivent pas donner la composition exacte de nos eaux, qui, par le refroidissement, perdent une partie de leurs principes.

J'insérerai aussi, au chapitre troisième de cet ouvrage, un petit paragraphe concernant les maladies des femmes (métrite sous toutes ses formes, vaginite, etc., etc.), qui sont traitées par nos eaux avec une grande efficacité, et enfin je compléterai cet opuscule en ajoutant aux observations de mon père celles que j'ai recueillies à cette station pendant les vingt ans que j'y ai passés comme médecin consultant ou médecin inspecteur.

Saint-Laurent me paraît, par la bonté de ses eaux et les cures merveilleuses qui s'y produisent toutes les années, appelé à devenir une station de premier ordre; la réputation de ses eaux n'est plus à faire, et si cette station n'a pas été, jusqu'à présent, plus fréquentée, c'était à cause de la mauvaise installation de ses thermes, des difficultés de communication et du peu de confortable qu'on trouvait dans les hôtels.

Aujourd'hui, nos eaux sont bien aménagées : de nouvelles piscines ont été construites, les cabinets de bains ont été améliorés, des appareils très complets de douches et étuves ont été créés; en un mot, l'installation balnéaire ne laisse rien à désirer. Les hôtels sont réparés à neuf, et la ligne du chemin de fer de Nimes à Saint-Germain-des-Fossés amène les voyageurs à huit kilomètres de Saint-Laurent.

Je me crois donc autorisé à m'adresser à mes confrères pour les engager d'envoyer à Saint-Laurent leurs malades atteints d'anciennes blessures, luxations, entorses, fractures, maladies des os, plaies, fistules, ulcères, arthrites, engorgements articulaires, rhumatisme sous toutes ses formes, goutte, sciatique, névralgies, affections nerveuses, paralysies, paraplégie, ataxie locomotrice, lymphatisme, scrophule, syphilis secondaire et tertiaire, maladies de la peau, chlorose, anémie, amenorrhée, dysménorrhée, métrite, vaginite, névroses, affections du larynx et des bronches et quelques maladies de l'estomac et des intestins liés à une diathèse rhumatismale.

J'espère qu'avec les moyens mis à notre disposition, par suite des améliorations apportées à nos établissements, les nombreux malades qui se rendront à Saint-Laurent y trouveront : les uns, une guérison complète, et tous une amélioration notable à leurs souffrances.

CASTELJAU, 20 septembre 1891.

Dr ÉDOUARD FUZET DU POUGET.

ESSAI

SUR LES

EAUX THERMALES

De Saint-Laurent-les-Bains

ET

OBSERVATIONS PRATIQUES

A l'appui des Propriétés Médicales de ces Eaux

Renfermant un Exposé des différents Systèmes qui ont été publiés sur la Recherche de la cause de la chaleur des Eaux thermales

Par A.-J.-Maurice FUZET DU POUGET

SOLLICITÉ, depuis nombre d'années, par des personnes instruites, de publier un mémoire sur les *Eaux thermales de Saint-Laurent,* je cède enfin à ces sollicitations, tout en pensant d'ailleurs que je m'acquitte d'un devoir envers l'humanité; car je compte soumettre au public, non seulement mes propres observations, mais encore celles que mon père a pu recueillir pendant sa longue carrière : je puis dire, pendant sa brillante carrière médicale. Nommé médecin-inspecteur des *Eaux thermales de Saint-Laurent* en 1807, il n'a cessé ses fonctions qu'en 1832. A cette époque, je remplaçai mon père, mais déjà, à partir de 1822, où je fus désigné comme médecin-inspecteur-adjoint, nous nous partageâmes le temps à passer à Saint-Laurent pendant la saison des eaux. Devenu plus tard titulaire, j'ai continué, jusqu'à ce jour, de réunir les observations les plus intéressantes, appuyées sur l'examen le plus sévère, et je les transmettrai le plus consciencieusement possible, sans préoccupation du jugement que l'on pourra porter. Un médecin qui offre les observations qu'une assez longue expérience l'a mis à portée de recueillir, se propose pour but l'estime publique en se rendant utile, et le suffrage de ses collègues, dignes eux-mêmes d'estime, comme le terme de son ambition. En rapportant aujourd'hui le résultat des observations de mon père et des miennes, je suis bien éloigné de me livrer à une impression aveugle en parlant des *Eaux thermales de Saint-Laurent-les-Bains,* que je ne considère pas comme un moyen curatif doué de propriétés extraordinaires, mais dont l'utilité ne saurait être contestée dans plusieurs circonstances. On a avancé, j'ignore, si c'est avec quelque fondement, que des inspecteurs d'eaux minérales avaient donné une trop grande extension aux propriétés de certaines eaux; mais, les taxer d'avoir proclamé ce remède comme une *panacée universelle,* c'est supposer chez ces médecins une ignorance extrême ou un charlatanisme ridicule : ce reproche devient très injuste s'il est dénué de vérité, et, fut-il même fondé sur quelque probabilité qui porterait sur l'application des eaux minérales à plusieurs maladies, un jugement aussi tranchant aurait encore quelque chose de repréhensible, puisqu'on aurait dû d'abord censurer le célèbre Bordeu, médecin très estimable, qui, dans ses lettres sur les *Eaux-Bonnes* (département des Basses-Pyrénées), les vante comme propres à toutes les maladies. Cependant Bordeu n'a pas été regardé comme faisant, des *Eaux Bonnes,* un remède universel. Tout homme instruit sait qu'il n'existe pas de spécifique universel, et qu'il faut même restreindre à un petit nombre celui des remèdes qui paraissent agir d'une manière plus spéciale dans telle ou telle maladie. Loin donc d'avoir la pensée de présenter ici les *Eaux thermales de Saint-Laurent* comme un moyen curatif souverain, je déclare que je les ai vues n'opérer aucun effet salutaire dans plusieurs cas; que leur application, ordonnée ou conseillée par des personnes qui ignoraient la nature de la maladie et les propriétés de ces eaux, a été suivie du résultat le plus funeste : mais je dis aussi qu'elles ont été d'un puissant secours pour la cure de plusieurs affections morbides, dont quelques-unes avaient en vain épuisé toutes les ressources de l'art.

Avant d'exposer mes observations, je me permettrai quelques digressions qui me paraissent nécessaires pour donner un peu plus d'ordre et d'intérêt à mon travail. Ainsi, je vais diviser ce mémoire en plusieurs chapitres.

Dans le premier chapitre, je donnerai la topographie de Saint-Laurent et de ses sources, et j'énumèrerai sommairement les productions du pays ;

Le second chapitre mentionnera l'analyse et la nature de ses eaux;

Le troisième traitera des propriétés médicales de ses eaux et de leur mode d'administration;

Dans le quatrième, j'exposerai les différents systèmes émis jusqu'à ce jour sur la cause de la chaleur des eaux thermales;

Enfin, le cinquième renfermera les observations les plus intéressantes, recueillies par mon père et par moi-même, sur les cures obtenues par l'usage des *Eaux de Saint-Laurent.*

J'emprunterai les idées et les recherches que mon frère, médecin de l'armée impériale, mort en 1813, avait publiées dans sa thèse, qui lui servit comme dernier acte probatoire pour recevoir, en 1811, le bonnet de docteur à l'École de Montpellier. Quelques fragments de cet ouvrage ont été reproduits par un médecin assez haut placé, sans qu'il ait cité la source où ils avaient été pris; c'est un plagiat que je crois devoir signaler et qu'il est facile de prouver, car on n'a qu'à comparer la date de l'ouvrage de mon frère, qui est de février 1811, avec la date de l'ouvrage de ce médecin, qui n'a été publié qu'en 1817 ou 1818 dans le *grand Dictionnaire des Sciences médicales*, à l'article des Eaux minérales. Si je me permets de placer ici cette rectification, c'est dans la vue de rendre à chacun ce qui lui appartient, et non dans un esprit de tracasserie : je devais, d'ailleurs, cet hommage de reconnaissance à mon frère, qui m'a été enlevé trop tôt, et en même temps à la vérité, qui est le principe que j'adopte dans tout le cours de cet ouvrage.

CHAPITRE PREMIER

Topographie de Saint-Laurent, de ses sources thermales, et indication des productions de ce pays

Parmi les sources d'eaux minérales qui coulent dans la partie méridionale du département de l'Ardèche, les *Eaux thermales de Saint-Laurent* ont mérité d'être remarquées d'une manière particulière. Des cures multipliées, des guérisons inespérées même, ont excité la reconnaissance et auraient peut-être justifié l'enthousiasme, si ce sentiment n'était trop souvent l'effet d'une prévention aveugle qui doit inspirer une juste méfiance.

Le village de Saint-Laurent, canton de Saint-Etienne-de-Lugdarès, arrondissement de Largentière, département de l'Ardèche, est situé au Sud-Ouest du département, à mi-côte de la montagne de l'Espervelouze, à 882 mètres au-dessus de la Méditerranée, dans une gorge étroite ouverte au Midi. A l'Ouest du village est la source principale, au pied d'un haut escarpement de roches granitiques feuilletées, au sommet duquel, à une élévation de 110 mètres, on voit une tour en ruine dont on ignore l'usage et la véritable origine ou la date.

Les feuillets de ces roches s'élèvent sous un angle de 70 à 75 degrés ; au Nord du village et au sommet de l'Espervelouze, dans les masses voisines et moins élevées, l'inclinaison de ces feuillets présente des angles plus aigus. En général, la formation de ces montagnes est composée d'un schiste micacé assez dur, d'un grain fin, d'un gris bleuâtre dans sa cassure, veiné d'amphibole grisâtre, traversé par des bandes de mica. Dans les interstices de ces roches, on trouve souvent des veines plus ou moins larges de chaux fluatée *(spath fluor)* très jolies, de différentes couleurs : roses, blanches, vertes ou violettes. Il existe quelques veines d'un granit très dur, de couleur noirâtre, où le schorl domine, qui, étant taillé et poli, servirait, comme le marbre, à faire des meubles.

Au Midi, et au pied de l'Espervelouze, coule la petite rivière de Borne, qui la sépare de la montagne du

Chadelbos ; celle-ci, moins élevée que la première, est couverte à son sommet d'une forêt de sapins, et voit croître à sa base le châtaigner, le chêne blanc, le noyer et nombre d'arbres à fruits. Quoique la permanence des neiges ne s'étende guère au-delà du mois d'avril dans les sites de ces montagnes, à l'aspect du Nord, on ne laisse pas d'y éprouver souvent un froid assez vif jusqu'à la fin de juin, et ce n'est qu'à la fin de juillet que commence la maturité du seigle. On trouve dans ces montagnes les plantes des Alpes de seconde formation, comme la grande Gentiane jaune, le Veratrum ou Hellébore blanc, les Digitales pourprées et jaunes, le Myrtylle ou Airelle, le Cyclamen ou Pain de pourceau, l'Anémone bleue, l'Aconit napel, la Bistorte, l'Arnica montana, et beaucoup d'autres plantes qui font l'ornement des prairies qui existent sur le penchant des montagnes. La nature du terrain est granitique; c'est, en général, un mélange de terre végétale et de détritus de pierres schisteuses micacées. Les productions utiles à l'homme sont le seigle, l'avoine, les pommes de terre, quelques légumineuses cultivées en plein champ dans les expositions les plus favorables; chaque habitant cultive un jardin où croissent avec vigueur les plantes potagères, qui ont une saveur bien supérieure à celles récoltées dans les climats plus chauds. Il y a une grande abondance de fraises et de framboises, dans les mois de juillet et d'août. On ne trouve pas, aux environs du village de Saint-Laurent, ni même à une distance assez éloignée, ces pierres noires, débris volcaniques de pyrites que l'on a crû voir partout aux environs des sources thermales, probablement pour se former un système sur la cause de la chaleur des eaux thermales, en l'attribuant à la décomposition des pyrites dans le sein de la terre : supposition gratuite dont l'expérience et le raisonnement ont démontré depuis longtemps le vice.

Je dois faire remarquer ici que toutes les eaux acidules qui abondent dans la partie méridionale du département de l'Ardèche, quoique froides, sourdent dans les lieux volcanisés : telles sont celles de Vals, de Jaujac, etc. Ces dernières s'échappent des bords d'un cratère très bien conservé, coulent sur des lits de lave et de basalte, et, cependant, ont une température au-dessous de 10 degrés du thermomètre Réaumur, tandis que les *Eaux thermales de Saint-Laurent* ont leur source dans des lieux éloignés des montagnes volcanisées : cet effet offre une contradiction assez sensible en apparence, mais qui sera expliquée dans la théorie que nous exposerons plus loin. Cependant, je dois faire mention d'une exception, relativement aux sources qui sourdent dans les environs des volcans de Jaujac et de Thueyts, et je dois avouer qu'il existe à Neyrac, commune de Meyras, une source thermale qui offre de 14 à 16 degrés de chaleur; près de cette source existe un dégagement de gaz acide carbonique pur, qui asphyxie les animaux qu'on soumet à son action; c'est absolument le même phénomène qui existe à Naples, à la grotte du Chien. Voulant être consciencieux et véridique, je n'ai point passé sous silence l'existence de cette source, dont la présence au milieu des volcans peut corroborer le système de la fonte des pyrites, comme cause de la chaleur des eaux thermales; mais, dans l'avant-dernier chapitre de ce Mémoire, nous reviendrons sur ce sujet.

CHAPITRE II

Nature et analyse des Eaux thermales de Saint-Laurent

La source des *Eaux thermales de Saint-Laurent* a deux ouvertures horizontales : l'une supérieure, dont les eaux sont conduites par des canaux souterrains dans deux établissements et sur la place publique ; l'autre inférieure, désignée sous le nom de la Saigne, et anciennement destinée plus particulièrement à l'usage des pauvres.

Les *Eaux thermales de Saint-Laurent* sont connues depuis un temps immémorial ; on a quelques données qui remontent à l'an 1400, mais il est probable qu'on les avait utilisées longtemps avant. On a fait quelques rapports populaires et fabuleux sur la découverte de ces eaux ; mais, comme ceci n'est appuyé sur aucune assertion sérieuse, je me dispenserai de les répéter.

D'après quelques expériences, il est démontré que chacun des quatre conduits de distribution des eaux thermales donne, par minute, 52 2/3 litres d'eau, et que chaque établissement sanitaire n'utilise pas, dans la journée, le tiers de l'eau qu'il reçoit; par conséquent, le surplus pourrait fournir à un établissement militaire, avec d'autant plus de facilité que la pente du terrain y porterait l'excédent des eaux à très peu de frais. Les propriétés de ces deux sources sont les mêmes, mais la chaleur de celle de la Saigne est moindre d'un demi degré que celle de la source supérieure : effet que l'on doit attribuer à la déperdition du calorique dans le trajet que parcourt l'eau de la source de la Saigne, depuis le réservoir commun jusque dans l'établissement. Les observations les plus exactes, depuis plusieurs années, m'ont offert constamment, ainsi que celles faites antérieurement par mon père, une chaleur toujours égale, toujours soutenue, de 53°,50 centièmes du thermomètre centigrade au-dessus de zéro. L'influence des différentes saisons, la sécheresse et la pluie, n'ont jamais altéré leur température, leur volume et leur transparence, ce qui fait conjecturer que le réservoir commun de ces eaux doit être à une profondeur considérable:

1° Un phénomène qu'il est facile de vérifier, c'est que l'eau thermale, déjà pourvue de 53°, 50 centièmes de chaleur, n'entre cependant pas plus tôt en ébullition que l'eau commune, toutes choses égales, d'ailleurs, et conserve sa chaleur plus longtemps que cette dernière;

2° Dans l'eau thermale, les végétaux flétris reprennent leur verdure et leur fraîcheur, tandis qu'ils restent fanés dans l'eau commune chauffée au même degré. M. le docteur Patissier, dans son *Manuel des Eaux Minérales naturelles* (2me édition, page 78), avance, dans le chapitre de la minéralité des eaux, qu'il en est autrement : j'ai plusieurs fois réitéré cette expérience, et je me suis convaincu qu'une fleur, une plante fanée, restait dans le même état, plongée dans l'eau ordinaire chauffée à 53°,50 centièmes ; ceci est prouvé depuis longtemps, car Madame de Sévigné dit « avoir longtemps saucé et » ressaucé une rose dans la fontaine bouillante de Vichy, » et qu'elle l'en retira fraîche comme de dessus sa tige, » tandis qu'elle fut bouillie en un instant dans l'eau » chaude. » J'emprunte cette citation à M. Patissier, qui l'avait puisée lui-même dans les lettres de Madame de Sévigné. On m'objectera, peut-être, que cet écrivain ne pourrait pas être apte à former une opinion sur ce fait; mais il est facile d'en faire l'expérience, et l'on pourra juger de la vérité de ce que j'avance;

3o Les substances animales, les œufs, se conservent frais plus longtemps dans l'eau thermale de Saint-Laurent que dans l'eau commune, froide ou chauffée, où leur altération est beaucoup plus prompte.

Nous parlerons plus tard des différences essentielles que nous offrent, dans leur application aux maladies, les *Eaux thermales de Saint-Laurent* et l'eau chauffée au même degré.

4o Les *Eaux thermales de Saint-Laurent* sont limpides, plus légères que celles des sources voisines froides, quoique très pures; au réservoir commun, elles ont une odeur sulfureuse assez marquée qui se développe un peu tard dans leur évaporation;

5o Elles colorent en bleu le papier teint par le fernambouc;

6o La présence de l'acide hydrosulfurique, uni à d'autres substances, y est démontrée par l'addition ou le mélange des nitrates d'argent et de plomb; par l'évaporation, on obtient un peu de sulfate de magnésie; l'évaporation, continuée jusqu'à siccité, a présenté des indices de fer, mais en quantité presque inappréciable;

7o Les *Eaux thermales de Saint-Laurent* contiennent peu de substances minérales et doivent leurs propriétés curatives à un autre principe, qui doit résider dans la chaleur dont elles sont douées, car, étant refroidies, elles n'ont plus que les propriétés de l'eau froide.

En 1746, le docteur Combalusier consigna, dans le *Journal des Savants*, une analyse des *Eaux thermales de Saint-Laurent*, auxquelles il attribua une qualité *savonneuse, résolutive, apéritive, détersive, diurétique* et *dia-*

phorétique, ce qui a été constaté par les médecins qui ont été à portée d'employer ce moyen. On a fait plusieurs analyses des *Eaux thermales de Saint-Laurent,* mais celles qui ont été faites avec le plus d'exactitude sont celles de M. Bérard, professeur de chimie à l'Ecole de Médecine de Montpellier; la voici, c'était en 1818 :

Sur 1.000 grammes d'eau thermale,

Eau pure.	999.318
Sous-carbonate de soude . .	0.505
Chlorure de sodium	0.085
Sulfate de soude	0.040
Silice et alumine	0.052
TOTAL . . .	1.000.000

Cette analyse ne parle pas de gaz acide hydrosulfurique, parce que cette eau a été analysée à Montpellier et non sur les lieux, et que plusieurs principes essentiels à leur combinaison n'existent que lorsqu'on opère sur les eaux encore chaudes ou recueillies récemment à la source : ainsi, un savant chimiste anglais, sir Wesay Colcloug, très exact et très minutieux dans ses opérations de chimie et de physique, a opéré sur 1.000 grammes d'eau thermale sur les lieux, et a obtenu, à peu de chose près, les mêmes résultats que M. Bérard; mais, de plus, du gaz acide hydrosulfurique (hydrogène sulfuré), dont l'existence se démontre dans le caveau de la source par l'odeur qui lui est propre, et au moyen de l'acétate acide de plomb, qui donne dans l'eau un précipité noir. Le soufre, qui est en dissolution dans le gaz acide hydrosulfurique, au moyen du calorique, devient appréciable en exposant à l'action de ce gaz, pendant un laps de temps plus ou moins long, une pièce d'argent bien nettoyée. Cette combinaison du soufre dans la vapeur est très précieuse dans certaines maladies : aussi, M. le docteur Alibert, qui était à la tête de l'Hôpital Saint-Louis, à Paris, avec qui j'étais en correspondance en 1832, relativement à une jeune Créole atteinte d'une maladie cutanée, m'écrivait : « Vos *Eaux de Saint-Laurent* sont une des sources » les plus précieuses que je connaisse ; il est fâcheux » qu'elles soient si peu connues et qu'elles ne soient

» pas aux portes de Paris ; j'y enverrais en corps mes » malades à cause de leur composition, car le soufre » contenu dans la vapeur de ces eaux est d'un secours » immense pour les malades atteints de dermatoses. »

On a trouvé aussi du fer en quantité peu appréciable ; cependant la teinture de noix de galle donne une couleur noire à l'eau avec un léger précipité semblable.

A cette analyse, il convient aussi de joindre celle qui a été faite des dépôts de cristallisation que ces eaux laissent sur les parois et dans le fond des réservoirs, au caveau d'où sort la source ; elle présente, sur 1.000 grammes :

Eau	999.140
Sous-carbonate de soude . .	0.182
Chlorure de sodium	0.042
Sulfate de soude	0.026
Silice.	0.225
Alumine	0.100
Débris des pierres sur lesquelles il a été recueilli	0.285
TOTAL . . .	1.000.000

En 1881, M. Peschier, pharmacien de 1re classe à Vallon, a bien voulu, sur ma demande, analyser les dépôts ocracés et gélatineux recueillis dans les conduits qui amènent les eaux aux buvettes et aux bains, et il y a découvert de la silice, du fer et une matière organique qu'il croit être de l'acide crémique.

Dans les boues noires des étuves, il a trouvé en abondance du manganèse qu'il a aussi découvert dans les concrétions formées dans tous les canaux de distribution des eaux.

Un de mes amis, chimiste très distingué, a démontré, ce qui d'ailleurs est connu depuis bien longtemps, que ces eaux contiennent, comme celles de Barrèges, de la glairine ou Barregine, et ce même chimiste a trouvé dans l'analyse de nos eaux de la lithine, du manganèse et des traces de fer.

CHAPITRE III

Des propriétés médicales des Eaux thermales de Saint-Laurent et de leur mode d'administration

Les *Eaux thermales de Saint-Laurent* ont des propriétés médicales plus ou moins énergiques : elles présentent à un haut degré celles d'être toniques, diaphorétiques et diurétiques; elles ont aussi la propriété vulnéraire, et chaque année nous voyons de nombreuses cures s'opérer, soit pour des plaies d'armes à feu, soit pour d'autres plaies faites par des instruments tranchants ou contondants, même avec lésions des tendons, perte de mouvement dans la partie affectée, rétraction ou raideur des membres, ulcères et fistules, etc.

Comme toutes les eaux thermales, elles produisent une turgescence particulière qui persiste même plus ou moins longtemps après qu'on en a cessé l'usage. Elles ont une énergie curative bien marquée dans les maladies de la peau, telles que : les dartres, les scrofules, etc. Il a suffi souvent de quelques bains pour voir dissiper la première; mais les dartres et les scrofules, qui souvent ont une connexion intime, exigent l'usage interne des eaux thermales, aidé quelquefois des évacuants, surtout lorsque la diathèse bilieuse paraît se compliquer avec l'affection dartreuse principalement. La vertu tonique de ces eaux thermales dispense d'employer le quinquina et ses préparations, ou d'autres amers, si souvent nécessaires dans les affections scrofuleuses.

Ces eaux sont éminemment emménagogues, dans le cas où les suppressions ou la non apparition des règles chez les jeunes personnes dépendent d'une atonie des organes; leur usage fait aussi disparaître les leucorrhées ou flueurs blanches qui reconnaissent pour cause un défaut de ton. Depuis très longtemps on a regardé, avec juste raison, les *Eaux thermales de Saint-Laurent* comme particulièrement propres aux affections rhumatismales; le succès confirme chaque jour cette opinion. Les sueurs et les évacuations par les urines étant la crise la plus ordinaire et la plus favorable de cette maladie, et les eaux thermales sollicitant puissamment ces deux sécrétions, il est évident que leur usage, sagement dirigé, en raison de la disposition ou de la propension que le malade aurait à l'une ou à l'autre de ces évacuations, doit produire aisément une crise favorable; mais, pour obtenir cet effet, tant dans cette affection que dans les autres, il importe d'imiter la marche de la nature, en excitant d'abord une fièvre factice par l'usage interne des eaux, et en amenant peu à peu la crise par l'émonctoire vers lequel l'idiosyncrasie de chaque individu le porte plus naturellement; au reste, chez des individus robustes et jeunes, la crise s'opère souvent avec beaucoup de rapidité, et il n'est pas rare de voir des malades, entièrement perclus, recouvrer le libre usage de leurs membres dès le cinquième ou sixième jour.

Plusieurs causes produisent la paralysie; mais cette maladie ne reçoit jamais plus promptement du soulagement ou la guérison, par l'usage des eaux thermales, que lorsqu'elle a été causée par l'action du froid qui aurait supprimé la transpiration, ou par une affection rhumatismale, arthritique ou scrofuleuse, ou par une cause débilitante quelconque. Les cures nombreuses que mon père et moi avons vu s'opérer justifient la confiance que les *Eaux de Saint-Laurent* ont obtenu depuis longtemps pour ce genre de maladie.

Les affections catarrhales, soit qu'elles reconnaissent pour cause un agent délétère dans l'air, soit qu'elles proviennent des variations subites de l'atmosphère, reçoivent, ordinainement, une guérison parfaite de l'usage de nos eaux thermales. Mais il arrive souvent que le catarrhe, se portant sur les poumons, produit la toux, l'expectoration de crachats avec une apparence puriforme, et l'ignorance ou la prévention irréfléchie, croyant voir dans l'ensemble de ces symptômes ceux d'une phthisie qui se termine heureusement par l'usage des eaux thermales, les vantent ensuite comme un spécifique dans cette maladie; erreur qui a été quelquefois fatale à de vrais phthisiques, dont la fin a été singulièrement hâtée par l'usage des eaux thermales : en effet, la fièvre, dont elles augmentent l'activité, doit augmenter les symptômes et décider promptement la catastrophe funeste. Ces eaux produisent encore souvent les plus mauvais effets dans les affections phthisiques, lorsque le crachement de sang a eu lieu et qu'il existe presque toujours une érosion ou une ulcération dans le tissu des poumons.

Ce n'est pas qu'on ne puisse justement leur attribuer une vertu curative dans la phthisie au premier degré, et surtout dans la phthisie tuberculeuse. Dans cette dernière affection ainsi que dans la vomique, surtout lorsqu'il n'existe pas une acrimonie particulière, laquelle a du rapport à celle des scrofules ou des exanthèmes, on ne peut qu'applaudir à l'usage de nos eaux thermales et espérer une issue favorable de l'application de ce moyen curatif.

L'asthme trouve ici un soulagement marqué, quelle que soit en général la cause qui le produise, excepté les cas de pléthore sanguine, qui sont assez rares, et surtout si cette affection est due à celle du système nerveux ou à une congestion pituiteuse dans les poumons. Ici l'usage modéré des eaux en boissons et tempéré par les tisanes béchiques et adoucissantes, celui des vapeurs continué et aidé par le bain partiel des extrémités supérieures, ont été, sinon des moyens curatifs, du moins très propres à procurer le soulagement le plus marqué. Il est évident que lorsque l'asthme reconnaît pour cause un vice scrofuleux ou arthritique, ou rhumatismal, il en sera d'autant plus tôt soulagé ou guéri par les eaux thermales.

Les eaux thermales, en général, ne sont point un remède nouveau dans la goutte. Cette terrible maladie, triste fille des plaisirs ou suite d'un vice héréditaire, sans parler des autres causes prédisposantes ou prochaines, est déjà parvenue à un certain degré d'avancement lorsque les malades viennent tenter l'usage des eaux thermales. A cette époque, ils éprouvent presque tous un état de vigueur ou de pléthore du système sanguin avec une atonie particulière de l'estomac et des extrémités, et, chez le plus grand nombre, il existe souvent de ces concrétions articulaires, effet et non cause de la maladie. Ici les eaux thermales, par leur vertu diurétique prononcée, agissent aussi en fortifiant les organes digestifs, aident puissamment la nature, quelquefois avec un résultat des plus satisfaisants. Mon père a vu, à Saint-Laurent, un goutteux rendre, dans ses urines, par l'usage des eaux thermales, une énorme quantité de matière terreuse ; cet homme, depuis cette époque, n'a plus eu que de légères attaques de goutte, et le retour en a été toujours motivé par des fautes essentielles de régime. L'emploi des eaux thermales a eu très souvent des résultats les plus favorables pendant même les paroxismes arthritiques.

On peut rendre raison de la manière curative dont agissent ici nos eaux, en considérant leurs propriétés diurétiques et diaphorétiques ; cette dernière étend quelquefois ses effets au loin, et, donnant au système cutané une énergie qu'il ne connaissait plus, la transpiration se soutient avec régularité, et la matière perspiratoire évacuée n'est plus répercutée à l'intérieur, où elle se convertissait en matière arthritique ; ce qui est d'autant plus vraisemblable que, chez les goutteux, quelques jours avant l'attaque, le poids du corps augmente.

Nous n'entrerons pas dans d'autres détails sur cette maladie, si variée dans ses retours et ses intermittences; nous nous bornerons à remarquer seulement que les eaux thermales agissent ici en rétablissant le ton des organes digestifs, évacuant la matière arthritique et excitant vivement le système cutané. On pourrait espérer que leur effet serait peut-être curatif, si les malades y aidaient ensuite par un régime sage et réfléchi, se tenant chaudement, respirant l'air le plus pur, usant modérément du sommeil et des aliments, et évitant avec soin les plaisirs trop vifs, les passions violentes, etc. Ce n'est point ici le cas de parler du traitement prophylactique, dont le succès peut être attesté par ceux qui ont la sagesse et la fermeté nécessaires pour l'exécuter avec régularité.

Nous avons vu disparaître la surdité par l'emploi des

eaux thermales sagement administrées; mais c'est dans des cas de catarrhe de l'oreille, et, d'autres fois, lorsque le vice scrofuleux envahissait l'organe de l'ouïe : en un mot, la surdité pouvant reconnaître plusieurs causes, quelquefois indomptables, il est aisé par là de rendre raison des cures et des résultats opposés que l'on a obtenus de l'usage des *Eaux thermales de Saint-Laurent.*

Je n'entrerai pas dans d'autres détails sur les autres maladies auxquelles les eaux sont appliquées comme un moyen curatif ; j'énumèrerai seulement les affections que nous voyons guérir annuellement, sans mentionner celles citées plus haut dans ce chapitre : ainsi les vieux ulcères variqueux, atoniques, scrofuleux, dartreux, la contracture des membres, la raideur des articulations et des membres après des fractures ou causes traumatiques, ne tardent pas à disparaître ou à s'amoindrir considérablement par l'usage de nos eaux.

Nous avons vu des gouttes sereines et amauroses quelquefois guérir ou diminuer sous l'influence de nos eaux; mais il est vrai de dire que, dans ces cas heureux, le principe de la maladie reconnaissait pour cause le rhumatisme à la tête.

Les tics douloureux et les névralgies, surtout les névralgies sciatiques, résistent rarement aux bains de vapeur et aux douches administrées prudemment.

Les *Eaux de Saint-Laurent* me paraissent aussi appelées à rendre de nombreux services dans toutes les maladies de l'utérus et de ses annexes, ainsi que j'ai pu le constater chez différentes personnes atteintes de vaginite, métrite du col ou du corps de l'utérus, ulcérations, granulations, etc.

En résumé, nous rappellerons sommairement les propriétés dont jouissent ces eaux comme toniques, éminemment diaphorétiques et diurétiques, et, dès lors, un médecin instruit saura étendre leur usage pour le soulagement de l'humanité : c'est ainsi, par exemple, que nous les avons vues, administrées en douches et en boissons, résoudre des obstructions du mésentère qui, probablement, provenaient d'un vice scrofuleux. Sans sortir de mon sujet, je crois devoir mentionner dans ce chapitre, avant d'en venir au mode d'administration des *Eaux thermales de Saint-Laurent* l'abus que l'on a fait et que l'on fait encore journellement de ces eaux. Trompés par de fausses ou vagues douleurs dans les régions lombaires, ou dans les cuisses, des gens de l'art, irréfléchis ou ignorants, surtout ceux qui veulent faire la médecine sans en avoir étudié les principes, ce qui a lieu malheureusement dans toutes les classes de la société, ont ordonné les *Eaux thermales de Saint-Laurent* dans certaines maladies : ainsi, nous avons vu des individus arriver ici avec des anévrismes du cœur, ou de l'aorte, ou du trépied de la cœliaque, etc., faire usage de ces eaux, qui leur ont été funestes après être rentrés dans leurs foyers. Ici, un individu des environs de Saint-Félicien, arrondissement de Tournon, voulut, malgré les conseils de mon père, user des eaux; il périt au second bain. Il est évident que, dans ces maladies, il y a contre-indication pour l'emploi de ce moyen, qui est presque toujours funeste si on le continue. Les individus disposés à l'apoplexie ne doivent user des eaux qu'avec les plus grandes précautions, et souvent même sommes-nous obligés, avant leur emploi, de faire une saignée à ceux qui sont menacés de cette maladie. Nous avons vu, trois fois, des personnes pléthoriques, disposées à l'apoplexie, refuser ou négliger la saignée, qui ont eu des attaques dès le second ou le troisième bain; heureusement aucun de ces malades n'a succombé.

Des médecins ont prescrit ce remède à des phthisiques au troisième degré, qui n'ont pas tardé à succomber; des malades en ont fait usage sans discernement et seulement d'après une aveugle routine; les résultats que je suis dans le cas d'apprécier chaque année sont, tantôt de violents maux de tête, tantôt un flux de sang alarmant quelquefois suivi de la mort et, presque toujours, un redoublement dans les douleurs, qui n'en deviennent que plus opiniâtres.

Si l'enthousiasme a dirigé, autrefois, la plume et l'imagination de ceux qui ont trop exalté les eaux thermales comme un moyen curatif des plus puissants et presque exclusif dans telle ou telle maladie, il faut convenir qu'aujourd'hui on paraît tomber dans un excès opposé. Un auteur moderne a avancé, dans un journal de médecine, que les eaux minérales en général n'avaient d'autre utilité que de procurer de la dissipation et de la distraction aux malades, se fondant sur ce qu'il avait vu un malade, aux eaux de Gréoulx, user sans succès, pendant plusieurs années, de ce remède pour une sciatique. On ne saurait nier, cependant, que nombre d'individus recouvrent une santé parfaite, reprennent l'usage des membres paralysés, obtiennent la cessation des douleurs rhumatismales, etc., par l'emploi des eaux thermales. Si c'est la dissipation et la distraction qui produisent ces cures, il faut convenir, du moins, qu'elles ne les produisent que dans certains lieux.

Au reste, en m'adressant à ceux qui, jugeant avec calme et impartialité, savent apprécier l'étendue et la puissance des moyens que la médecine emploie avec plus ou moins de succès, j'en appellerai à leur expérience; et je demanderai si le mercure et le quinquina sont des remèdes vagues et insignifiants, parce qu'il est des maladies siphilitiques qui résistent au premier, et que l'on voit des fièvres indomptables braver l'usage du quinquina et de ses préparations? Sans être le prôneur ou le détracteur des eaux thermales, en général, je crois agir consciencieusement en rendant à chacun ce qui lui est dû, et je n'exalterai pas les *Eaux thermales de Saint-Laurent :* mais les propriétés que j'ai énumérées plus haut leur sont reconnues par tous les médecins qui en ont fait user avec discernement à leurs malades; et, d'ailleurs, je les apprécierai en citant, dans un des chapitres suivants, des observations qui viendront étayer les propriétés qui ont été mentionnées. Je vais faire connaître brièvement et généralement le mode d'administration des *Eaux thermales de Saint-Laurent,* sans m'étendre sur la manière dont on doit en user dans chaque maladie, car ceci deviendrait beaucoup trop long: ainsi, en général, nos *Eaux thermales de Saint-Laurent* s'administrent en bains, douches, étuves, bains secs ou de vapeur et en boissons. On modifie leur emploi d'après le tempérament, l'idiosyncrasie du sujet, l'âge, le sexe, et selon la maladie que l'on a à combattre.

Il me semble qu'il n'est pas hors de propos, avant de terminer ce chapitre, de parler de l'action des eaux thermales chez l'homme dans son état de santé. Ainsi, en boisson, elles agissent principalement comme diaphorétiques et stomachiques; elles sont toniques, elles ne présentent pas de mauvais goût, et, quoique prises au maximum de leur chaleur, elles font une impression agréable de fraîcheur dans l'estomac. On peut les prendre sans inconvénient immédiatement après le repas, et souvent les personnes les plus délicates se font donner un potage, dont elles assurent que la digestion se fait avec plus de facilité en buvant un verre de ces eaux par-dessus.

Au tact, elles offrent la sensation d'un fluide légèrement onctueux. La douche à 36° du thermomètre centigrade décide promptement la rougeur de la peau, et donne beaucoup de jeu aux articulations. L'étuve produit une sueur presque immédiate pour peu que le système cutané y soit prédisposé.

Les bains sont tous les jours renouvelés; on les prend dans des piscines à la température de 27 à 29 1/2 degrés de Réaumur. Les baignoires ou bains particuliers sont mis à la même température, avec les modifications exigées pour chaque individu ou pour chaque maladie.

Le réservoir des douches doit être à la température des bains ou un peu plus élevé, ce qui est plus avantageux. La température des cabinets d'étuve s'élève à près de 42° du thermomètre centigrade, et celle des salles où sont les piscines à 37° ou 38°, terme moyen. Il est des malades qui préfèrent ce bain de vapeur à celui de l'étuve qui, cependant, convient mieux aux personnes douées d'un tempérament nerveux. L'eau en boisson est prescrite le plus souvent à la dose de 7 à 8 verres dans la journée; on la conseille pure ou édulcorée avec le sucre, ou bien avec addition de lait ou de sirops pectoraux, dans les cas de catarrhe pulmonaire, ou même avec l'eau de veau ou de poulet. Il est facile de modifier le traitement; c'est le médecin qui prescrit toujours, d'après les indications, la manière d'user de ces eaux.

CHAPITRE IV

Des différents systèmes émis jusqu'à ce jour sur la cause de la chaleur des Eaux thermales

La chaleur des eaux thermales est un problème que la nature nous a donné à résoudre, sans nous fournir les moyens certains de solution ; son identité avec la chaleur, qui affecte journellement nos sens, semble prouvée au premier coup-d'œil; mais bientôt l'expérience en fait sentir les différences marquées, sur lesquelles nous ne nous prononcerons que lorsque l'on aura une définition exacte du calorique, dont on ne connaît point encore la nature, quoiqu'on en éprouve l'action et les effets : cette différence de chaleur nous offre des phénomènes difficiles à expliquer; nous les avons rapportés dans notre deuxième chapitre, en mentionnant la nature des *Eaux thermales de Saint-Laurent.*

J'ai pris ces eaux-là pour exemple, et j'ai fait remarquer que, déjà pourvues d'une chaleur de 53°,50, elles n'entrent pas, néanmoins, plus tôt en ébullition que l'eau commune, toutes choses égales. Je m'en tiens ici à cette seule citation du paragraphe concernant les effets extraordinaires que présente le calorique d'une nature particulière dont sont douées les eaux thermales, et je renvoie le lecteur à ce chapitre deuxième, pour éviter une répétition inutile. Mais quel est donc cet agent puissant qui, depuis tant de siècles, conserve à ces eaux une chaleur invariable avec une constance qui n'est pas le phénomène le moins étonnant dont la nature semble s'être réservée le secret?

C'est pour répondre à cette question qu'il s'est élevé tant d'hypothèses, tant de systèmes contradictoires, sur lesquels nous allons jeter un coup-d'œil rapide.

Empédocle d'Agrigente, 442 ans avant J.-C., et Pline le naturaliste, qui écrivait vers la soixantième année de l'ère chrétienne, sont les auteurs les plus anciens qui aient traité des eaux thermales. Le premier, disciple de Telangès, qui l'avait été de Pithagore, admettait, avec le célèbre philosophe, un feu central dans la terre qui était, disait-il, le principe de l'éruption des volcans et de la chaleur des eaux thermales; c'est encore l'hypothèse la plus généralement admise. Fallope, Solender, Kirker, Bacot de la Bretonnière et plusieurs autres auteurs modernes, ont adopté cette opinion, que l'on retrouve encore dans la théorie de la terre de Wisthou, et qui est enfin présentée avec éloquence dans l'ouvrage du célèbre Buffon. Ici, cette hypothèse, élevée sous une autre face, offre moins de contradictions; car, si dans l'opinion des anciens on ne peut point admettre un feu central qui existerait sans le concours de l'air, on reconnaît au moins un degré de probabilité dans le système de Buffon, qui suppose à la terre une chaleur semblable à celle d'un globe dans un état d'incandescence qui commence à se refroidir à sa surface et ne perd que peu à peu sa chaleur centrale, d'où il fait émaner le fluide électrique qui pénètre le globe et circule à sa surface. Cette explication rend compte, il est vrai, de plusieurs phénomènes; mais, comme la base du système lui-même porte sur une opposition qui ne saurait être admise que comme hypothétique, nous ne pousserons pas la discussion plus loin sur cette opinion.

Cependant, on ne peut nier qu'il existe une certaine chaleur dans l'intérieur du globe : Gensane, dans son *Histoire naturelle du Languedoc,* citée par Buffon; Haton, dans sa *Nouvelle théorie de la Terre;* Laméthrie, 43me volume des *Observations de physique,* année 1793, assurent l'existence de cette chaleur, et, le dernier, même estime qu'elle est assez forte dans les parties les plus rapprochées du centre de la terre pour réduire l'eau à l'état aériforme ou de vapeur : cette assertion n'est pas encore suffisamment prouvée. C'est peut-être à cette chaleur centrale de la terre que nous devons attribuer la fonte des glaciers, laquelle a toujours lieu dans leur partie inférieure, et la fluidité même de l'eau dans les abîmes de la mer, où la lumière ne saurait pénétrer, puisque le rayon solaire n'y descend pas au-delà de 6 ou 700 pieds, et encore moins la chaleur qui en émane.

Cette chaleur interne de la terre ne semble pas, en

quelque sorte, prouvée par l'expérience et appuyée même par le raisonnement. Mais faut-il, avec Pline, Sénèque, parmi les anciens; Jean de Combes, Paul Dubé, Louis Arnaud, etc., parmi les modernes, l'attribuer à un feu existant toujours dans la même activité au centre de la terre, sans pouvoir se rendre raison comment se renouvelle la masse des matières combustibles qui lui servent d'aliment, et comment encore il peut se soutenir sans le secours de l'air, ou comment celui-ci peut y pénétrer pour entretenir la combustion, car personne n'ignore que, sans cet agent, il n'y a pas de combustion?

Si l'existence de cette chaleur centrale du globe semble bien prouvée, d'après les recherches des savants, quoiqu'on n'en connaisse ni la cause, ni la nature, il n'en est pas moins vrai que la difficulté reste encore la même pour expliquer la cause de la chaleur des eaux thermales. Les auteurs qui n'admettent point cette hypothèse ont imaginé différents systèmes qui pèchent tous en un point capital : c'est d'attribuer à la nature une manière d'agir si rapprochée de nos idées, de nos connaissances, de nos opinions, que l'on est forcé de convenir que l'explication des phénomènes qu'elle nous présente ne peut s'accorder avec la raison et l'expérience. Non, sans doute, la nature, dont la puissance agit dans le silence et loin de nos yeux, n'admet pas des moyens aussi déraisonnables que ceux que l'on suppose pour opérer les prodiges dont elle étonne les esprits faits pour approfondir et faire connaître les voies qu'elle emploie.

C'est faute d'avoir fait de plus mûres réflexions que, concluant à la hâte de l'expérience du volcan de l'Emery, on a voulu établir, dans le sein de la terre, des volcans partiels semblables, dont l'action toujours égale devait produire la chaleur toujours constante des eaux thermales. En vain des auteurs célèbres attachés à cette hypothèse, tels que Monnet, Godefroy, Berger, Etmuller, Bomar, Frédéric Hoffman et bien d'autres encore, ont voulu trouver, dans la décomposition des pyrites, l'agent qui produit la chaleur des eaux thermales; cette opinion tombe devant un examen réfléchi. En effet, l'expérience du volcan artificiel de l'Emery exige que l'on fasse un mélange de soufre et de fer pur et non oxydé. Cependant, il est bien rare, excepté dans l'île d'Elbe et le Sénégal, de trouver le fer autrement que dans un état d'oxydation, c'est-à-dire dans une espèce de décomposition qui s'oppose à la fermentation nécessaire pour produire l'effet du volcan. Au reste, la décomposition des pyrites dans le sein de la terre, cause supposée de la chaleur des eaux thermales, n'est point encore prouvée par aucun témoignage. Saussure, dans ses éléments de minéralogie, au contraire, a vu, sur le Sésia, les couches de pyrites en masses contiguës qui ont toutes les conditions nécessaires pour opérer leur décomposition, le contact de l'air et de l'eau, et qui, cependant, ne produisent aucun des effets que la puissance systématique leur attribue. Mais, admettons que les pyrites se décomposent dans le sein du globe; admettons encore qu'elles échauffent, dans leur décomposition, le lit sur lequel coulent les eaux thermales; comment cette décomposition a-t-elle lieu sans que le volume de ces bancs immenses de pyrite diminue? Mais si ce volume diminuait, la chaleur devrait diminuer aussi, et, par conséquent, celle des eaux thermales. Comment encore se renouvelleraient les pyrites, pour se décomposer de nouveau; hypothèse pourtant qu'il faut nécessairement adopter pour expliquer la constance du même degré de chaleur dans les eaux thermales? Comment enfin concevoir un ordre aussi régulier dans une opération aussi tumultueuse que le serait cette prétendue décomposition? Au reste, Brongniart et Frédéric Hoffmann lui-même, conviennent que, dans les analyses multipliées qu'ils ont faites des eaux thermales, ils en ont vu très peu qui contiennent, même un atome, de matières pyriteuses. Toutefois, il est vrai de dire que la chimie, ayant fait de grands progrès pour l'analyse des eaux ou autres corps de la nature, et les réactifs s'étant multipliés, on a pu y découvrir aujourd'hui des substances faisant partie des pyrites; mais ceci ne peut point appuyer l'hypothèse de la fonte des pyrites comme cause de la chaleur des eaux thermales. Nous en avons dit, sans doute, assez pour faire juger du peu de solidité de ce système, adopté d'abord par plusieurs personnes parce qu'il présentait une certaine analogie dans les effets, mais entièrement abandonné aujourd'hui. Si l'on voulait se livrer à tous les écarts d'un esprit systématique, trouverait-on moins de probabilité à attribuer à l'action de l'hydrure de potasse l'explication du phénomène qui nous occupe, en supposant dans la terre des masses de charbon, de fer et de potasse calcinées qui ont la propriété de s'enflammer dès qu'elles sont en contact avec l'humidité, effet constant dans ce mélange, tandis que les pyrites ne se décomposent pas toujours, quoique exposées à l'air et à l'action de l'eau ?

Cette opinion que nous mettons en avant est vicieuse, sans doute, et présente les mêmes difficultés que le système que nous combattons ; mais elle offre, cependant, autant de probabilité, si on la soumet à un examen rigoureux.

Nous ne parlerons point de l'hypothèse qui attribue la chaleur des eaux thermales au frottement qu'elles éprouvent dans leurs cours contre les parois des canaux. Les plus sincères notions en hydrostatique et en physique suffisent pour la juger. Expliquer la cause de la chaleur des eaux thermales par une fermentation résultant du mélange des sels, des bitumes, du soufre et surtout du plâtre, c'est vouloir établir dans le sein de la terre un laboratoire de chimie. Piton, Lanizwerde, J.-F. Borie et autres, ont émis cette opinion dans un temps où la chimie était encore dans son enfance. Nous passerons sous silence ces autres hypothèses qui parlent de combinaisons d'acides et d'alcalis, qui créent dans la terre des montagnes de chaux vive et de cendres, etc. Pour en venir à un système plus moderne, d'après cette dernière opinion, les eaux thermales seraient placées dans certains réservoirs environnés de rochers d'une nature telle, qu'ils absorbent le calorique de l'atmosphère pour le transmettre aux eaux : mais on ne connaît point encore de pierres ni de rochers doués d'une telle propriété, et, s'ils existaient, il devrait en résulter que les eaux thermales seraient d'autant plus chaudes que leur source serait plus rapprochée de la ligne équinoxiale; d'ailleurs, elles seraient plus froides en hiver et plus chaudes en été. L'expérience désavoue cette hypothèse.

En nous résumant sur l'analyse de tous ces systèmes et sur les expériences et les observations que ce sujet a produites, nous voyons ce qui doit être rejeté; c'est faire déjà un pas dans le chemin des découvertes : nous pouvons même conclure qu'il existe une chaleur centrale du globe, dont l'existence nous semble prouvée, en effet, mais que nous connaissons mieux par ses effets que par sa nature.

Nous allons développer ici les idées qui nous ont été fournies par l'expérience et le raisonnement jusqu'à ce jour, pour l'explication de ce phénomène, que des auteurs plus éclairés nous donneront peut-être plus tard.

Nous admettons une chaleur centrale dans l'intérieur de la terre; l'expérience et le raisonnement ne nous permettent plus d'en douter, et nous n'ignorons pas que l'hypothèse la plus généralement adoptée sur la cause de la chaleur des eaux thermales est due au feu central; cette hypothèse est arrivée, aujourd'hui, par les recherches, les expériences et les observations les mieux faites, à un point de vérité qui ne peut plus, pour ainsi dire, soutenir de contradictions : aussi je me range entièrement à cette opinion. Mais, qu'il me soit permis ici de faire ressortir les idées et de publier le travail et les nombreuses recherches sur la cause de la chaleur des eaux thermales que mon frère avait réunies dans la thèse inaugurale qu'il soutint, en 1811, à Montpellier, pour obtenir le titre de docteur.

Mon père s'était toujours beaucoup occupé de sciences et même, dans un âge très avancé, il n'avait jamais cessé de travailler. Il fut reçu docteur dans un temps où la médecine employait l'électricité comme moyen curatif dans certaines maladies, surtout dans les paralysies. Lui-même s'était procuré une machine électrique avec tous ses accessoires et avait soumis, avec succès, plusieurs malades à cet agent, dont il fit une étude particulière; il était naturel qu'il fît partager ses idées à son fils aîné, qui étudiait en médecine ; aussi ce dernier, qui avait une imagination très ardente, conçut-il la pensée de faire sa thèse sur l'électricité; ayant dirigé ses études sur ce fluide pour en approfondir les effets, il crut que cet agent pourrait bien être la cause du calorique central qui donnait la chaleur aux eaux thermales. C'était une hypothèse tout comme une autre, et il se mit à l'œuvre pour étayer de toutes les preuves possibles son idée favorite. Je vais citer ici plusieurs paragraphes qui appartiennent entièrement à sa thèse. Il admettait, comme je l'ai dit plus haut, un feu central; mais, en ignorant la cause, et probablement n'étant pas convaincu, ou resté mécontent des idées conjecturales émises jusqu'à ce jour, il voulut aussi se former une opinion à lui; voici les passages les plus intéressants de son travail :

« Pour procéder avec méthode dans une question » aussi obscure, il serait convenable d'établir d'abord » quelques propositions fondamentales :

» 1° Il existe une chaleur dans l'intérieur de la terre, » que l'expérience et l'observation attestent positivement;

» 2° Cette chaleur, prouvée par ses effets, n'est point » due aux mêmes agents qui produisent celle qui affecte » nos sens.

» Nous citerons, à l'appui de la première proposition, » les nombreuses expériences faites à l'Observatoire de » Paris, dans les grottes profondes, et enfin dans les » mines où l'on voit quelquefois le thermomètre, qui » s'y soutient ordinairement à 10° au-dessus de zéro, » s'élever jusqu'à 18 et 30° et au-dessus, et la chaleur » y être assez forte même pour mettre l'eau en évapo- » ration. On objecte, il est vrai, que ceci n'est qu'un » accident particulier produit par une cause que l'on » ne peut déterminer.

» Mais cette objection tombe d'elle-même lorsque l'on » considère que si cet effet n'est pas toujours constant, » c'est qu'il se présente un obstacle, tel que des lits très » épais d'une matière quelconque, qui s'oppose au » passage du calorique. Au reste, cet effet, bien constaté » tel qu'il est, n'offrant pas un degré uniforme de » chaleur à toutes les profondeurs, sera une des preuves

» que l'on présentera pour rendre compte de la manière » dont les eaux thermales peuvent s'imprégner ou » absorber le calorique intérieur.

» On veut rendre raison de la fonte des glaciers dans » leurs parties inférieures et non à leurs surfaces et » sur les côtés, par l'absorption du calorique, mais cette » explication ne souffrira-t-elle pas quelques objections?

» Comment attribuer à cette cause la fonte des » glaciers, qui continue d'avoir lieu dans leurs parties » inférieures pendant les hivers les plus rigoureux même?

» Il faut donc, nécessairement, admettre l'action d'un » autre agent qui ne peut être que les émanations de » la chaleur intérieure de la terre. En traitant de la » seconde proposition, nous allons présenter les proba- » bilités que l'expérience et le raisonnement peuvent » nous fournir.

» La physique nous atteste l'existence d'un fluide » invisible qui pénètre le globe, erre sur sa surface, » dirige la pointe de l'aiguille aimantée vers le Nord, » imprime au fer élevé perpendiculairement la vertu » magnétique et insinue ou transmet cette vertu à la » barre du même métal sous les coups redoublés du » marteau. L'existence d'un fluide aussi actif, du fluide » électrique, n'est point aujourd'hui un problème, » quoique nous ignorions encore jusqu'où s'étend son » activité et sa puissance. Nous ne discuterons point, » ici, si les fluides, dont nous ne connaissons pas toutes » les propriétés, sont une modification d'une même » substance, ni si, dans leur union supposée, ils ne » produiraient pas des phénomènes dont l'explication » n'est pas encore donnée, parce qu'on ne présume pas » cette union. Il convient plutôt de rappeler ici tout ce » que nous pourrons recueillir sur l'électricité considérée » déjà, par les physiciens, comme la cause de l'éruption » prochaine des volcans, et, par les chimistes, comme le » principe du soufre et du phosphore; et, raisonnant » par analogie et d'après l'observation, nous exposerons » les probabilités qui peuvent la faire considérer comme » influant aussi sur la cause de la chaleur des eaux » thermales. Nous connaissons deux électricités, qui ne

» sont qu'une modification du même agent : l'électricité » sulfurique ou vitrée, et l'électricité souterraine ou » métallique, qui a, dans ses effets, les rapports les plus » frappants avec le fluide galvanique. Les conducteurs » les plus actifs de celui-ci sont : l'eau, les corps humides, » les métaux, les matières charbonneuses ; et ces matiè- » res, accumulées dans l'intérieur de la terre, devien- » nent les conducteurs du fluide électrique souterrain, » qui, par ce moyen, dans un instant indivisible, agit à » des distances énormes. C'est ainsi que, dans les » tremblements de terre, qu'on est loin aujourd'hui » d'attribuer à l'explosion de certaines matières contenues » dans de vastes cavernes souterraines, c'est l'opinion » de Buffon ; c'est ainsi, dis-je, que l'on ne peut attribuer » qu'à l'électricité ces commotions que l'on éprouve » sur un rayon très éloigné des lieux où se fait sentir » la secousse du tremblement de terre, commotion qui » est ressentie par un vaisseau en pleine mer et que » l'on compare à celle produite par la batterie électrique.

» Nous ne répéterons point ici ce que les physiciens » nous ont dit sur les éclairs qui sillonnent la fumée » lancée de la bouche des volcans, sur les tonnerres » souterrains qui précèdent leur éruption, sur ces » mêmes tonnerres souterrains que l'on a souvent » entendus pendant les tremblements de terre : ces » observations tendent à prouver que c'est à un fluide » électrique souterrain qu'il faut attribuer l'éruption » des volcans et les phénomènes qui les accompagnent. » L'existence de ce fluide actif, invisible, qui peut agir » dans l'intérieur de la terre, et dont la puissance » s'étend sans doute jusqu'à sa surface, ne saurait donc » être un problème aujourd'hui, et ce n'est peut-être » que dans un agent semblable que l'on trouvera la » cause de ces phénomènes étonnants, inexplicables, » dans toute autre supposition. Il est probable que c'est » aux émanations de ce fluide électrique surabondant, » qui s'échappe par les pôles, et surtout par le pôle Nord, » qu'il faut attribuer les aurores boréales. Les voyageurs » et les physiciens s'accordent unanimement à dire » que, dans les éruptions de quelques volcans, les eaux

» thermales voisines perdent ou acquièrent quelquefois » de la chaleur, et que même les sources froides deviennent » nent thermales : ce qui a lieu très souvent à l'époque » des éruptions du mont Hécla, en Islande. Ce rapport » entre les volcans et les eaux thermales qui sourdent » auprès, n'aurait, sans doute, rien d'étonnant et ne » serait peut-être pas une preuve irrécusable de l'action » du même agent, s'il n'était appuyé par d'autres obser- » vations.

» En 1669, un violent tremblement de terre eut lieu » entre Narbonne et Bordeaux : une montagne disparut » dans un lac qui occupa sa place, et on observa alors » que plusieurs sources thermales de Bigorre perdirent » une partie de leur chaleur ; effet produit sans doute » par l'interruption que cette violente commotion dut » produire dans les filons conducteurs du fluide électrique » souterrain. Le 26 juillet 1805, époque de l'une des » plus fortes éruptions de l'Etna, les eaux de Carlsbadt, » en Bohême, cessèrent de couler pendant six heures. » Le rapport entre ces eaux thermales et l'Etna semble » assez probable, sans doute; eh! quel autre agent que » le fluide électrique souterrain pourrait avoir un tel » degré d'activité, pour faire sentir son action presque » au même instant à une distance de plus de 300 lieues? » On ne peut se refuser à reconnaître le rapport qui » existe entre les volcans et les eaux thermales ; on » avouera même que le même agent qui produit l'érup- » tion des uns est aussi le principe de la chaleur des » autres.

» Mais la difficulté d'expliquer comment les eaux » thermales acquièrent cette chaleur restera toujours » la même, et il faut avouer qu'ici on ne peut prononcer » que par analogie. En effet, si le fluide électrique pro- » duit, avec le concours d'autres agents, la combustion » des matières volcaniques, pourra-t-on lui refuser une » chaleur particulière ou le pouvoir de la faire naître, » que nous trouvons dans l'électricité vitrée ? Quand » j'emploie le terme de chaleur, c'est celui qui rend le » moins improprement mon idée, car nous avons déjà » observé que la chaleur des eaux thermales était bien

» différente de celle qui affecte nos sens, et l'expérience
» suivante sera une preuve de ce que j'avance ici de la
» chaleur que le fluide électrique possède et qui échappe
» à nos sens.

» Achard de Berlin, en 1782 (tome 20me des *Observa-*
» *tions sur la Physique,* page 56), ayant soumis des
» œufs de poule à l'action électrique, parvint, après
» quelques tentatives infructueuses d'abord, à présenter
» à l'Académie, au bout de huit jours, des embryons de
» poulets très bien formés. Les esprits qui jugent sans
» prévention apprécieront cette expérience et les consé-
» quences que l'on doit en tirer pour reconnaître dans
» l'électricité une chaleur qui échappe à nos organes et
» qui, par la différence qu'elle a avec la chaleur ordi-
» naire, semble lui donner des rapports avec celle des
» eaux thermales. »

Si nous considérons maintenant celles-ci dans leur application au corps humain, nous trouverons, dans leur manière d'opérer ou d'agir et dans leurs effets, un rapport très rapproché avec ceux que produit l'électricité employée comme moyen curatif.

En effet, les eaux thermales et l'électricité produisent également la pléthore sanguine; elles sont aussi emménagogues à un haut degré, elles ont guéri la paralysie, procuré un amendement dans les affections goutteuses et les rhumatismes invétérés. Comme toniques, elles ont dissipé des engorgements glanduleux, et les expériences que nous citons n'ont eu pour sujet que l'électricité vitrée. On sait que l'électricité métallique ou galvanique produit des effets bien plus puissants, qui lui donnent un rapprochement plus prononcé avec ceux des eaux thermales. Je citerai, à ce propos, une expérience qui a fourni deux fois à mon père le même résultat et qu'il serait à propos de répéter encore.

Mon père ayant fait administrer, à deux malades, des douches actives d'eau thermale de Saint-Laurent sur la nuque, à l'origine des nerfs cervicaux, ils éprouvèrent sur la langue une saveur d'une acidité particulière, qu'ils reconnurent être la même que celle produite par l'étincelle galvanique qui a lieu au moment du contact des deux lames métalliques appliquées sur la langue. Un de ces malades était M. d'Agrin, de Satileu, près d'Annonay, venu à Saint-Laurent en 1822 ou 1823, pour un rhumatisme, et qui avait été soumis à l'action électrique par la pile de Volta. Une femme de la commune de Saint-Paul-le-Jeune, ayant la langue paralysée, ressentait un goût acide et ferrugineux chaque fois qu'elle prenait la douche sur la nuque. (Voyez l'observation du 5me chapitre des *Observations.*)

Enfin, si nous considérons les effets extraordinaires, les cures aussi promptes qu'inespérées produites par les eaux thermales, si nous réfléchissons en même temps que la plupart de ces eaux, celles de Saint-Laurent, entr'autres, contiennent très peu de particules ou matières minérales, il faudra nécessairement attribuer ces résultats heureux et presque inouis à l'action d'un agent qui échappe à nos réactifs et ne se manifeste que par sa puissance et par ses bienfaits.

Dans l'exposé que je viens de faire ici, je crois avoir démontré le vide des hypothèses sur la cause de la chaleur des eaux thermales, dont la constance au même degré n'est pas le phénomène le moins étonnant que la nature a couvert de ce voile que le génie seul peut soulever. J'ai dit que cette chaleur n'était pas la même que celle que nous nous procurons par le feu ou le calorique ordinaire ; mais, en rapportant des faits et des observations qui prouvent l'influence de l'action du fluide électrique, je n'ai pas prétendu élever un système et surtout expliquer comment ce fluide pouvait communiquer la chaleur à ces eaux. Je n'ai fait absolument que mettre au jour l'opinion que mon père et mon frère s'étaient formée sur la cause de la chaleur des eaux thermales, et j'aurais cru manquer à la mémoire de l'un et de l'autre si je n'avais publié leurs idées ; d'ailleurs, comme tout n'est qu'hypothèse dans ces recherches, celle-ci offre assez de probabilité pour qu'on ne doive pas la rejeter sans un examen sérieux. M. Patissier lui-même, qui n'admet pas cette hypothèse, dit, dans le *grand Dictionnaire des Sciences médicales,* à l'article des *Eaux thermales :* « Quelque extraordinaire qu'ait

» dû paraître cette nouvelle théorie, on ne peut discon-
» venir qu'elle n'ait des bases véritablement fondées
» sur la nature. » Mon frère, comme je l'ai déjà dit, était doué d'une imagination ardente, mais il était réfléchi et avait l'amour de la science; il avait cherché à étayer son hypothèse par tous les faits connus, il est mort très jeune, en Silésie, en 1813, à l'âge de 24 ans, et déjà il occupait le grade de médecin ordinaire dans le 5me corps du général Lauriston, qui lui avait donné sa confiance. Enfin, cette hypothèse devait être mentionnée, car elle n'a jamais paru déraisonnable, et je me suis proposé, en la publiant, de remplir un devoir envers mon frère et d'exciter l'émulation de mes collègues, afin que, d'un recueil d'observations faites avec prudence et avec réflexion, on puisse parvenir à une découverte qui intéresse autant l'humanité.

CHAPITRE V

Des différentes Observations recueillies à Saint-Laurent afin d'étayer les propriétés des Eaux thermales

Le dernier chapitre de ce Mémoire pourra offrir de l'intérêt aux praticiens qui ne connaissent pas parfaitement les propriétés thérapeutiques des *Eaux thermales de Saint-Laurent*, et les engagera probablement à conseiller à leurs clients atteints des mêmes affections, dont nous allons donner les observations, à essayer ce moyen curatif dont l'administration, bien dirigée dans les cas indiqués, n'offre aucun danger. Nous pensons donc nous rendre utile en publiant les différentes observations qui vont faire l'objet de ce dernier chapitre : nous nous bornerons à mentionner les plus intéressantes sur toutes les espèces de maladies que mon père et moi avons eues à traiter à Saint-Laurent dans l'espace de quarante-quatre ans. Nous citerons seulement un petit nombre de chaque espèce, afin de ne pas fatiguer nos lecteurs; autrement nous pourrions facilement donner beaucoup plus d'étendue à ce chapitre.

Je ne décrirai pas ici les signes et les symptômes de chaque maladie, puisque je m'adresse à des confrères ; je ne ferai que nommer les maladies, dont je donnerai l'historique en abrégé. Voici l'ordre dans lequel je vais coordonner ces observations :

1° Les Paralysies;
2° Les Rhumatismes;
3° Les Névralgies, Tics douloureux, Sciatiques;
4° La Goutte;
5° Les Maladies de la peau, Gale, Dartres, etc.;
6° Les vieux Ulcères, Plaies d'armes à feu, les Lésions des tendons et des ligaments et fausses Ankiloses;
7° Les Affections catarrhales, Catarrhe pulmonaire, Bronchite avec commencement de Phthisie;
8° L'Asthme;
9° L'Amenorrhée;
10° Les Flueurs blanches ou Leucorrhée;
11° Les Gastralgies et les Enteralgies;
12° Les Scrofules;
13° La Surdité;
Et Observations diverses.

Des Paralysies

Il arrive, chaque année, à Saint-Laurent, un assez grand nombre d'individus atteints de paralysies, soit hémiplégies ou paraplégies, soit paralysie seulement partielle; mais le résultat que nous obtenons n'est pas toujours bien satisfaisant pour tous, et il est facile d'en trouver la raison, lorsqu'on saura que les malades atteints de ces affections croient, malgré l'avis du médecin-inspecteur, avoir suivi un traitement suffisant lorsqu'ils ont été soumis à l'action des eaux thermales pendant neuf à dix-huit jours ; encore c'est le petit nombre qui arrive à ce chiffre de dix-huit jours de traitement : aussi nos observations de guérison ou d'une amélioration bien marquée ne mentionnent-elles que des individus atteints de paralysie par une cause traumatique, lesquels sont venus réclamer le secours des eaux thermales à une époque plus rapprochée du commencement de la maladie. Nous pourrions, cependant, enregistrer dans nos observations un certain nombre d'individus atteints de paralysie, à la suite d'une attaque d'apoplexie, qui ont éprouvé de grandes améliorations, et qui, certainement, s'ils eussent voulu persévérer dans les moyens actifs des bains et des douches de l'*Eau thermale de Saint-Laurent,* auraient encore obtenu un résultat plus satisfaisant.

PREMIÈRE OBSERVATION

Paralysie complète des doigts de la main droite, par suite d'une chute sur le bras et l'avant-bras droits

La femme Darboussier, indigente, de Saint-Étienne-de-Lugdaresc, arrondissement de Largentière (Ardèche), âgée de 27 ans, d'un tempérament sanguin, bilieux, d'une constitution assez robuste, étant nourrice depuis sept mois, fit une chute sur le bras et l'avant-bras droits, et sur le dos de la main droite, en mai 1836. Il s'ensuivit une insensibilité dans les doigts et perte de mouvement dans toute la main, les doigts étaient même insensibles et à demi-fléchis ; lorsqu'on voulait les étendre, ils cédaient avec peine aux efforts qu'on employait, et revenaient dans la même position dès qu'on les abandonnait. Le pouls était à l'état normal, et toutes les fonctions s'exécutaient parfaitement. Mon père prescrivit les bains tempérés d'eau thermale et, dès le second jour, la douche, matin et soir, sur toute l'extrémité affectée, sur la colonne cervicale et dorsale. Au quatrième jour, la sensibilité s'établit par un fourmillement qui était presque incommode; les doigts, et surtout le médius, purent un peu s'étendre et se fléchir; et, dix jours après, la malade pouvait serrer dans ses mains une pièce de monnaie. On se procura quelques secours afin de subvenir aux besoins de cette indigente, qui, après avoir séjourné à Saint-Laurent pendant vingt-trois jours, partit entièrement guérie. Nous avons eu occasion de la voir pendant deux années consécutives, et nous nous sommes assurés que la guérison ne s'est pas démentie.

SECONDE OBSERVATION

Hémiplégie gauche

Le jeune Hilaire (Victor), de Saint-Paul-de-Tartas, canton de Pradelles (Haute-Loire), fut apporté à Saint-Laurent, le 7 juillet 1837, pour une hémiplégie qui affectait, depuis un an, tout le côté gauche de son corps. Cet enfant, âgé de 10 ans, se trouva, après une attaque violente de convulsions qui dura une heure et demie, perclus de la cuisse et de la jambe gauches, ainsi que du bras du même côté. La parole était légèrement embarrassée; le pouls était naturel, l'enfant paraissait avoir une intelligence un peu obtuse; il ne pouvait se tenir sur sa jambe paralysée, ni exécuter le moindre mouvement du bras gauche. Le petit malade fut soumis à l'action d'un bain par jour et de deux douches, dont on avait soin de mesurer la durée selon son âge et ses forces; au bout de sept jours, la sensibilité et un fourmillement se manifestèrent dans l'extrémité inférieure, et, progressivement, le mouvement revint; enfin, le quinzième jour, le malade pouvait se soutenir sur la jambe affectée, et, trois ou quatre jours après, il commença à marcher avec le secours d'un bâton; le bras put aussi être porté à la tête, exécutant même quelques mouvements. Le père voulut, malgré mes instances, partir avec son fils : je prescrivis des frictions avec le liniment volatil et un peu de teinture de cantharides, l'engageant à revenir dans le courant du mois d'août. Ce dernier conseil fut suivi, et, le 14 août, je revis le jeune Hilaire marchant avec beaucoup plus de facilité; il fut soumis au même traitement pendant douze jours. Dans cet espace de temps, le malade abandonna son bâton; il marchait en jetant légèrement le pied de côté, en fauchant; le bras avait repris assez de force et de mouvement pour qu'il pût s'habiller et se servir de la main, quoique avec quelque difficulté. Hilaire partit le 25 août, mais j'aurais voulu le retenir plus longtemps afin d'obtenir une cure plus radicale. Depuis cette époque, je me suis informé, par plusieurs habitants de Saint-Paul-de-Tartas, de la santé de cet enfant; j'ai su qu'il ne lui restait qu'une légère faiblesse dans le bras gauche: il exerce aujourd'hui la profession de cordonnier. Voilà bien une cure obtenue par l'usage des eaux thermales, et je pense qu'un grand nombre de sujets atteints de cette grave maladie en retireraient un grand bien s'ils étaient persévérants dans ce moyen actif.

TROISIÈME OBSERVATION

Paralysie complète de la cuisse gauche, causée par la chute d'un arbre sur cette partie

RACHAS (Victor), de Berrias, canton des Vans (Ardèche), âgé de 39 ans, d'un tempérament sanguin, d'une constitution robuste, en faisant abattre, le 16 juillet 1848, un gros arbre, se trouva pris accidentellement sous le tronc de cet arbre, qui, au moment de sa chute, le renversa. On le retira de là sans connaissance, on le saigna abondamment, on lui prodigua des secours; mais il lui fut impossible de faire le moindre mouvement de la cuisse gauche. Cette extrémité était entièrement insensible, même en pinçant la peau; on ne reconnaissait ni contusion ni ecchymose. D'abord les sangsues furent appliquées, plus tard on mit en usage les excitants en frictions; mais, pendant quinze jours, on ne put réveiller la sensibilité et le mouvement. Rachas se fit porter très péniblement à Saint-Laurent, le 7 août 1848; il prit les bains et les douches. Peu à peu la sensibilité et les mouvements, d'abord très bornés, se déclarèrent; le malade commença à se soutenir sur sa jambe, puis il marcha à l'aide d'une béquille et d'un bâton, et enfin, le 28 août, il quitta sa béquille et conserva le bâton, plutôt par prudence que par besoin. Il ne lui resta qu'un peu de faiblesse dans la cuisse qui se dissipa dans l'espace d'un mois. Cet homme est un de mes clients, depuis 1848, il ne s'est plus ressenti de cet accident.

QUATRIÈME OBSERVATION

Paralysie de l'extrémité inférieure gauche, à la suite d'une chute sur les pieds

AULANIER (Louis), de Tence (Haute-Loire), âgé de 45 ans, cultivateur, fit, dans le courant du mois d'avril, une chute sur les pieds, du troisième étage d'une maison élevée; il s'ensuivit une paralysie de la cuisse et de la jambe gauche, ainsi que la sortie d'une hernie inguinale droite, avec un engorgement considérable des bourses. Cet individu, doué d'un tempérament sanguin, fut saigné, et on lui prodigua les soins que réclamait son état; mais on n'obtint que peu d'amélioration. Le médecin lui conseilla de se faire transporter à Saint-Laurent, ce qui fut exécuté le 24 juillet 1839. A son arrivée, je le visitai; l'ensemble des fonctions s'opérait bien, mais il ne pouvait mouvoir la cuisse gauche, qui, du reste, ne présentait pas la même grosseur que la droite. La sensibilité existait sur tout le membre : d'ailleurs, Aulanier ne souffrait nullement; nous lui prescrivîmes les bains et les douches. Pendant neuf jours, il ne se passa rien; mais le dixième, après avoir fait prendre une troisième douche dans la journée, le malade put changer le pied de place. Dès ce moment, les mouvements volontaires de la cuisse et de la jambe devinrent progressivement plus faciles, et, le 10 août, Aulanier commença à marcher assez aisément avec le secours d'un bâton. Le 14 août, c'est-à-dire le vingt-deuxième jour du traitement, il partit, malgré mes avis, ayant recouvré beaucoup de force. Il promit de revenir à Saint-Laurent la saison suivante, ce qu'il fit; mais il vint plutôt, disait-il, par reconnaissance que par besoin, car il avait entièrement abandonné son bâton. Il ressentait une légère faiblesse dans l'extrémité ci-devant malade, seulement pendant les grands froids du rude climat de son pays. On pense bien que les *Eaux de Saint-Laurent* n'ont eu aucune action sur la hernie; un bandage seul a pu la maintenir. Quant au gonflement des bourses, qui persistait lors du premier voyage d'Aulanier, nous le fîmes disparaître avec des applications astringentes et un suspensoir.

CINQUIÈME OBSERVATION

Paralysie de la langue qui a succédé à une attaque d'apoplexie

Le 16 juillet 1820, je fus appelé en toute hâte, dans la commune de Saint-Paul-le-Jeune, canton des Vans (Ardèche), pour donner mes soins à la femme Chamboredon, qui était tombée tout à coup sans connaissance de dessus sa chaise; lorsque j'arrivai, on l'avait mise sur un lit. Cette malade était douée d'un tempérament éminemment sanguin, d'une constitution forte et robuste, ayant un très gros embonpoint, je lui trouvai le pouls dur et plein; elle faisait entendre un ronflement très fort et elle était sans mouvement. Je fis une large saignée et, peu à peu, elle reprit l'usage de ses sens et du mouvement, sauf celui de la parole. Les sinapismes furent promenés sur les extrémités inférieures, et tous les moyens employés en pareil cas furent employés infructueusement; ils ne purent rendre la parole, mais l'intelligence était intacte. La malade pouvait un peu sortir sa langue, que je remarquai chargée de matière saburrale; je prescrivis donc une tisane émétisée et les lavements purgatifs. Ces moyens débarrassèrent l'estomac et les intestins, mais le mutisme persista toujours. A cette époque, j'arrivais de Paris, où j'avais suivi la clinique de M. le professeur Fouquier, à la Charité, et j'avais été témoin d'une cure qui m'avait frappé. C'était celle d'un homme âgé de 49 ans, qui se trouvait dans les mêmes conditions pathologiques que ma malade; tous les traitements avaient échoué. M. Fouquier expérimentait en ce moment les préparations de noix vomique, et, pendant vingt-cinq jours, il en avait fait prendre à son malade une certaine dose. Je suivais avec soin cette observation intéressante. M. Fouquier, qui avait quelque bonté pour moi, me dit qu'il allait mettre en usage l'extrait alcoolique de noix vomique à l'extérieur en même temps qu'à l'intérieur, et qu'il espérait en obtenir un bon résultat. Au bout de trois jours qu'il eut employé, par la méthode endermique, cet extrait, au moyen d'un vésicatoire appliqué à la nuque, afin de mettre à découvert les papilles nerveuses, il se manifesta quelques mouvements tétaniques dans les bras et un commencement de trismus. Dès lors le remède fut suspendu, et la malade commença à recouvrer la parole; cependant, M. Fouquier avait le projet de persister dans l'emploi de ce moyen, pour lequel il avait la plus grande confiance. J'ignore si ce traitement fut continué et si le malade parvint à guérir entièrement; mais, plein de confiance dans les talents de M. Fouquier, qui a été enlevé trop tôt à la science, je quittai alors Paris. Je mis donc en usage le même traitement pour la femme Chamboredon; seulement, je choisis la strychnine, dont je me servis par la méthode endermique. J'obtins un peu de trismus avec les yeux brillants, la respiration était gênée; il y avait un peu de roideur dans les membres, sans qu'il y eut des mouvements convulsifs; ces accidents se calmèrent facilement avec des boissons adoucissantes et du café, mais je ne me suis plus hasardé à l'emploi de la noix vomique. Je conseillai de conduire cette femme à Saint-Laurent, ce qui fut exécuté. A son arrivée, mon père lui prescrivit un bain par jour, la douche à la nuque et sur le trajet de la colonne cervicale et dorsale. Pendant dix jours ce moyen resta sans effet; enfin, le onzième, la malade commença à balbutier plus distinctement; elle parvint à prononcer, d'une manière plus intelligible, quelques mots, tandis qu'auparavant il était impossible de rien comprendre à son langage. A la fin d'août, elle pouvait s'exprimer et parler assez distinctement pour que les personnes étrangères à sa manière de s'exprimer pussent comprendre sa conversation. Elle quitta Saint-Laurent le 31 août, et, dans le courant de l'année, j'appris qu'elle avait succombé à une seconde attaque, provoquée par les boissons spiritueuses auxquelles elle s'était malheureusement adonnée depuis plusieurs années.

Cette observation, toute incomplète qu'elle est, puisque les eaux thermales n'ont produit qu'une amélioration cependant assez marquée, est intéressante et peut faire juger de l'énergie de ce moyen, qui, peut-être, eût pu triompher de cette grave affection, si on eut continué le traitement. Chez cette malade, mon père observa un phénomène qui a été signalé plus haut dans ce Mémoire, au chapitre dans lequel nous avons exposé les différents systèmes sur la cause de la chaleur des eaux thermales, c'est-à-dire que cette femme, au moment où elle fut soumise, pendant quelques jours, à l'action de la douche sur la nuque, éprouva sur la langue un goût acide et ferrugineux, à ce qu'elle dit dès qu'elle put s'exprimer. Nous avons dit plus haut que cette sensation était la même que celle que fait éprouver l'étincelle galvanique, qui a lieu au moment du contact des deux lames métalliques appliquées sur la langue.

SIXIÈME OBSERVATION

Le nommé H... C..., de Berrias, canton des Vans (Ardèche), âgé de 4 ans, me fut apporté, le 10 avril 1839, par sa mère. Elle me rapporta que cet enfant avait eu des mouvements convulsifs dans la nuit, et qu'après avoir vomi une grande quantité de matières blanches, il lui était resté une insensibilité dans la main droite et l'avant-bras droit, avec impossibilité de faire le moindre mouvement dans toute cette extrémité. Il existait une paralysie complète du bras, de l'avant-bras et de la main. Le jeune enfant était d'un tempérament sanguin, la face était très rouge, le pouls développé et plein. Je prescrivis un bain sinapisé, l'application des sangsues aux apophyses mastoïdes et des frictions excitantes sur le membre paralysé.

Le lendemain, le malade allait mieux; il prit un peu d'huile de ricin, qui lui fit rendre quatre lombrics: l'extrémité malade était toujours dans le même état, le pouls était souple et naturel; les frictions sèches, avec le liniment ammoniacal furent continuées, mais, au bout d'un mois, les parents cessèrent tout traitement; cependant, le jeune H... C... pouvait porter la main à la bouche, mais il n'existait aucun mouvement d'extension ou de flexion dans les doigts, qui restaient toujours dans un état de demi-flexion. Au mois de juin, on vint me prier d'examiner de nouveau le malade : je trouvais le bras, l'avant-bras et la main affectés beaucoup plus minces que l'extrémité du côté gauche; je conseillai de conduire cet enfant à Saint-Laurent. Là, mon père ordonna un traitement et surveilla l'usage des bains et des douches, qui, dans l'espace d'un mois, amena un grand amendement. On était obligé, vu la faiblesse de l'enfant, de suspendre par intervalle le traitement; néanmoins, lorsqu'il revint dans sa famille, il pouvait déjà prendre, avec la main, quelques objets légers. Peu à peu l'émaciation du membre affecté diminua, et les mouvements devinrent un peu plus faciles. Au mois de juillet 1840, cet enfant revint à Saint-Laurent, et, en 1841, ses parents l'y conduisirent pour la dernière fois. A son départ, il se servait très bien de la main, mais il y avait de la faiblesse. Les forces sont revenues peu à peu, et, aujourd'hui, c'est un jeune homme qui peut écrire et se servir de la main droite comme s'il n'avait jamais eu de paralysie.

SEPTIÈME OBSERVATION

Hémiplégie incomplète du côté gauche

Le nommé Ro..., de Tournon (Ardèche), fut transporté à Saint-Laurent le 11 août 1816, pour se débarrasser, par l'usage des eaux thermales, d'une hémiplégie incomplète du côté gauche, dont l'invasion datait de huit mois; elle était la suite d'une attaque d'apoplexie. Mon père le soumit à l'action des bains et des étuves pendant vingt-sept jours, et, sous l'influence de ce traitement, il se rétablit presque entièrement; il ne lui resta qu'un peu de faiblesse. L'année d'après, mon père eut occasion de le voir, et il le trouva totalement débarrassé de sa maladie; il marchait sans peine et se servait facilement de la main gauche.

Nous aurions pu multiplier encore le nombre des observations de cures obtenues par les eaux thermales, mais nous avons cru cela inutile. Nous avons remarqué, en général, que les paralysies occasionnées par une chute ou par une cause traumatique quelconque, guérissaient bien plus vite. Cependant, en 1813, mon père eut à donner ses soins à une jeune demoiselle de 13 ans, atteinte d'une paraplégie, paralysie des extrémités inférieures, qui avait été occasionnée par une maladie grave qui datait de trois mois. Cette jeune demoiselle fut entièrement guérie, le huitième jour, par l'administration des eaux thermales en bains et en douches; mais ces exemples sont rares.

Des Rhumatismes

Le plus grand nombre des malades qui se rendent chaque année à Saint-Laurent sont, au moins les trois quarts, atteints de rhumatismes sous toutes les formes; aussi, c'est dans cette classe de maladies que nous pourrions citer un très grand nombre de cures obtenues par l'usage de nos eaux. On peut en dire à peu près autant des autres établissements thermaux, ce qui fait que nous ne nous occuperons pas à vanter les propriétés anti-rhumatismantes des *Eaux de Saint-Laurent,* dont l'efficacité est, d'ailleurs, connue de tous les médecins; cependant, nous consignerons ici quelques observations intéressantes pour appuyer les vertus médicales des ces eaux; il ne nous reste que l'embarras du choix.

PREMIÈRE OBSERVATION

Rhumatisme du cuir chevelu

Mademoiselle Ca... C..., de Malbos, canton des Vans (Ardèche), âgée de 33 ans, peu réglée, d'un tempérament sanguin et bilieux, d'une assez forte constitution, après avoir été exposée à une pluie froide, en mars 1819, éprouva de violentes douleurs sur toute la tête, avec une sensation de froid qui augmentait toujours lors des variations de l'atmosphère. Si le temps menaçait de devenir pluvieux, ces douleurs éprouvaient des exacerbations, et elles cessaient même par intervalle la première année; mais, en 1820 et 1821, elles prirent un caractère si intense, que la malade se décida à consulter un médecin; les eaux thermales lui furent conseillées. Elle arriva le 7 juillet 1821 à Saint-Laurent, ayant des douleurs affreuses qui se propagaient dans les mâchoires; il y avait un peu de fièvre. Elle disait avoir un morceau de glace sur toute la tête, quoiqu'elle fut couverte de flanelle. Mon père prescrivit un bain bien tempéré, le matin et le soir; le lendemain, douche à arrosoir sur le cuir chevelu, qui avait été préalablement rasé; la malade but six verres d'eau avec addition de tisane de veau. Le surlendemain, on prescrivit un seul bain, deux douches et une étuve en bain sec. Ce traitement fut suivi avec quelques modifications pendant vingt-deux jours, et, pendant ce laps de temps, la maladie commença à décroître progressivement, et enfin, Mademoiselle Ca... partit le 29 juillet, n'éprouvant pas la moindre souffrance. En 1832, après une transpiration supprimée, la douleur de tête se réveilla; elle revint à Saint-Laurent, où, ayant pris les douches et quelques étuves, elle se trouva guérie. Depuis lors, en allant visiter des malades dans le village où habite Mademoiselle Ca..., qui, depuis lors, s'était mariée, j'ai pu constater que sa guérison ne s'est pas démentie.

SECONDE OBSERVATION

Rhumatisme fixé sur le cuir chevelu et surdité du côté droit

M. No..., chef d'escadron, de L... (Drôme), fut atteint, en rentrant dans ses foyers, d'un rhumatisme fixé sur le cuir chevelu, et, en même temps, d'une surdité de l'oreille droite, infirmité qu'il avait rapportée de Russie. Il arriva à Saint-Laurent au commencement de juillet 1830. Mon père lui ordonna, le premier et le second jour, un bain tempéré, la vapeur de l'eau thermale dirigée dans l'oreille droite, l'injection d'eau thermale, et de boire huit verres de cette eau dans la matinée. L'ouïe commença à se développer le second jour; le troisième, à ce traitement on ajouta une douche à arrosoir sur le cuir chevelu, et une étuve le soir. La transpiration s'établit très abondamment et, le cinquième jour, M. No... n'entendit plus qu'un léger bourdonnement dans l'oreille droite; la douleur du cuir chevelu avait considérablement diminué. Le huitième jour, M. No... annonça à mon père qu'il était entièrement guéri et qu'il partirait le lendemain; cependant, il continua encore pendant dix jours le traitement modifié, et partit en parfaite santé, sauf quelques aigreurs qu'il avait sur l'estomac; mon père lui conseilla quelques doses de magnésie décarbonatée. Du reste, cette légère indisposition n'était point inhérente à l'affection rhumatismale.

TROISIÈME OBSERVATION

Rhumatisme articulaire

M. le général Bl..., de la Drôme, fut atteint, en 1816, d'un rhumatisme articulaire, qui s'était surtout fixé sur les articulations des extrémités inférieures; les extrémités supérieures étaient moins atteintes de rhumatisme. M. le Général avait contracté cette maladie dans les bivouacs et par suite des fatigues inséparables du service militaire sous l'Empire. On lui conseilla d'aller chercher du soulagement à Saint-Laurent. Il partit, en juillet de la même année, avec M. Rigaud, de Lille, membre de l'Académie des sciences. Arrivé à Peyre, auberge située à quatre lieues de Saint-Laurent, il fallut s'arrêter, car, à cette époque, les voitures ne pouvaient aller plus loin à cause des mauvais chemins qui, alors, n'étaient pas, comme aujourd'hui, accessibles aux diligences; là, on improvisa un brancard sur lequel, ayant mis un matelas, quatre ou six hommes le transportèrent jusqu'à Saint-Laurent. Mon père prescrivit quelques bains, et surtout la douche et les étuves. Au bout de cinq jours, M. le

Général, qui avait fait arriver ses chevaux, put monter à cheval et faire une promenade d'une heure. Avant de partir, il accompagna, à pied, M. Rigaud dans quelques excursions géologiques dans les montagnes qui environnent Saint-Laurent. Cette cure parut merveilleuse à plusieurs personnes qui étaient venues prendre les eaux.

Nous avons vu nombre de personnes, entièrement percluses, recouvrer l'usage des bras et des jambes dès le cinquième ou sixième jour.

Autrefois, les propriétaires des Établissements des eaux thermales faisaient une espèce de trophée des béquilles et des bâtons que les malades guéris laissaient à Saint-Laurent; le nombre en était très grand. En 1810, un incendie consuma le principal établissement, et toutes ces reliques, qui étaient clouées au plancher de la vaste salle à manger, subirent le même sort. Depuis lors, on en avait ramassé un grand nombre, mais, ayant restauré, il y a quelques années, cet établissement, on a fait disparaître ces preuves irrécusables de la bonté des eaux thermales.

QUATRIÈME OBSERVATION

Rhumatisme articulaire

Bre... Ro..., de Belvezet, canton de Coucouron (Ardèche), âgée de 29 ans, bien réglée, d'un tempérament sanguin, nerveux, après avoir été exposée à l'action d'une pluie froide, le 19 mars 1849, fut atteinte, dès le soir même, de douleurs violentes dans les articulations supérieures, sans aucun engorgement. Elles diminuèrent un peu sous l'influence d'une forte transpiration, qui fut provoquée au moyen des boissons chaudes sudorifiques dont on gorgea la malade; mais, dès le lendemain, les douleurs se portèrent avec plus d'intensité aux articulations des extrémités inférieures, sans abandonner entièrement les bras; les mêmes moyens furent encore employés sans succès. Un médecin de Pradelles fit une forte saignée, qui soulagea beaucoup la malade; elle ne pouvait pas, cependant, quitter le lit. A la fin de mai, elle commença, avec l'aide de deux béquilles, à faire quelques pas dans son appartement; l'amélioration fit quelques progrès. Vers la dernière quinzaine de juin, elle ne pouvait encore marcher sans ses béquilles; elle souffrait moins, mais elle n'avait pas de force. Elle se décida à se faire transporter à Saint-Laurent, où elle arriva le 4 juillet 1849. Je prescrivis l'usage des bains et, le troisième jour, celui des douches, puis des étuves. Après onze jours de traitement, la femme Bre... se trouvait entièrement rétablie; elle ne souffrait plus et marchait sans aucune difficulté. Elle éprouvait seulement un peu de lassitude ou de fatigue dans les jambes, après s'être promenée pendant une demi-heure sans se reposer. J'ai eu occasion, en 1850, de revoir cette femme à Saint-Laurent, où elle accompagna un parent : elle n'avait eu aucun ressentiment de son rhumatisme depuis le moment où elle avait été guérie, au mois de juillet 1849.

CINQUIÈME OBSERVATION

Rhumatisme goutteux, fixé surtout aux articulations des extrémités inférieures

Ca... Pi..., de Saint-André-de-Roquepertuis, canton du Saint-Esprit (Gard), cultivateur, âgé de 37 ans, d'un tempérament sanguin, d'une constitution robuste, éprouva, en 1814 et 1815, quelques douleurs assez vives dans les articulations des genoux et des pieds. Cet homme, aimant beaucoup la pêche, se livra, pendant l'été de 1816, à cette occupation; il passait quatre ou cinq heures dans la rivière. Il fut contraint, à cause des douleurs et de l'engorgement des articulations des extrémités inférieures, de garder le repos. Il se fit transporter au bord de la rivière et, au moment de la chaleur, il prit des bains de sable, qui le soulagèrent momentanément; il passa une partie de l'automne et de l'hiver au lit. Au printemps de 1817, un Médecin le saigna, lui fit suivre un régime qui le soulagea, mais il ne pouvait marcher. Les articulations des extrémités supérieures commencèrent à se prendre, et M. Courbassier, médecin à Bagnols, ainsi que M. le docteur Ladroit, lui conseillèrent de se rendre à Saint-Laurent. A son arrivée, Ca... avait les genoux et les malléoles excessivement engorgés; il y avait même impossibilité de fléchir les jambes sur les cuisses. Il ne pouvait se soutenir qu'à l'aide de deux béquilles ou avec le secours de deux personnes, sans pouvoir faire un pas; les articulations des extrémités étaient peu affectées. Il prit deux bains tempérés, et puis on insista sur l'usage de la douche, et surtout des bains de vapeur aidés de l'eau bue à la dose de huit à neuf verres par jour. Le cinquième jour, le malade rendit une abondante quantité d'urine et de petits graviers, qui étaient un composé de phosphate de chaux. Dès ce moment, Ca... se trouva soulagé. Le même traitement fut continué, et, le huitième jour, il put faire quelques pas dans son appartement avec une seule béquille et un bâton. La sécrétion de l'urine, avec l'émission rare de graviers, eut lieu. Enfin, l'engorgement des articulations diminua successivement, les jambes purent se fléchir, et le malade abandonna la béquille en conservant le bâton par prudence. Le vingt-unième jour, il faisait des promenades de demi-heure, sans en être fatigué. Il partit ainsi, très satisfait des eaux. L'année suivante, il revint pour sa guérison, quoiqu'il allât très bien; il ne resta que neuf jours. Depuis lors, ses voisins, qui vinrent à Saint-Laurent, nous ont assuré que sa santé était parfaite, mais il n'a plus eu le goût de la pêche.

SIXIÈME OBSERVATION

Rhumatisme fixé au bras, à l'avant-bras et à la main du côté gauche, avec émaciation du bras et de la main

Mme Pe..., de Carpentras (Vaucluse), âgée de 47 ans, fut atteinte, en 1840, d'une douleur rhumatismale qui envahit l'épaule, tout le bras et la main droite, sans cause appréciable. Après avoir essayé divers traitements,

MM. Bernard et Barret, médecins à Carpentras, lui conseillèrent les eaux de Gréoulx, dont elle fit usage pendant deux saisons; elle n'en obtint qu'un léger soulagement. En 1841, elle se décida à venir à Saint-Laurent, où elle arriva dans les premiers jours d'août, A cette époque, le bras et l'avant-bras gauches étaient très émaciés, la main desséchée, dont on voyait les tendons des muscles et les os seulement recouverts de la peau; il n'y avait pas de mouvement. Mme Pe... ne pouvait se servir de ce membre, qu'elle portait, continuellement, attaché contre la poitrine au moyen d'une écharpe. Du reste, elle souffrait peu; la constitution n'était pas détériorée, l'appétit était bon et il n'y avait pas de fièvre. Je prescrivis un bain tempéré par jour; le second jour, une douche, et, peu à peu, nous augmentâmes l'énergie du traitement. Elle prenait trois douches par jour et une étuve un jour et non l'autre. Elle avait recouvré, le neuvième jour, quelques légers mouvements dans le bras et les doigts. La peau de toute l'extrémité malade, qui était décolorée, commença à se colorer; les mouvements devinrent de plus en plus faciles, l'embonpoint revint, et, à la fin du mois d'août, Mme Pe..., au grand étonnement de tous les étrangers qui se trouvaient dans l'établissement, commença à tricoter un bas; elle partit parfaitement guérie. Deux ans après, un de mes amis, qui habitait Carpentras et qui m'avait recommandé cette dame, m'assura que sa santé était parfaite. J'ai eu le plaisir de la revoir, en 1851, à Saint-Laurent; elle jouissait d'une excellente santé et, le bras et la main anciennement affectés avaient, depuis la guérison, continué à conserver leur embonpoint et leurs mouvements. Mme Pe... était revenue à Saint-Laurent pour faire disparaître une légère douleur de rhumatisme qui existait, depuis quelques jours, au genou droit; mais le troisième bain et deux douches avaient fait justice de cette légère douleur.

SEPTIÈME OBSERVATION

Rhumatisme goutteux

Laf... Sif..., de Rousset, canton de Grignan (Drôme), âgé de 13 ans, d'un tempérament sanguin, d'une constitution assez robuste, après avoir été exposé à une pluie froide, en novembre 1839, fut pris tout à coup de vives douleurs dans les extrémités supérieures et inférieures, avec impossibilité de faire le moindre mouvement. On fit appeler un Médecin qui, après avoir employé un traitement convenable, obtint une amélioration sensible; mais le jeune Laf... ne marchait qu'avec le secours de deux béquilles. Au bout de trois mois, il se servait, avec beaucoup de peine, des mains. Cet état était resté à peu près stationnaire, lorsque, au mois de mai 1840, une amélioration se manifesta subitement; mais, quinze jours après, sans cause connue, les articulations des extrémités supérieures et inférieures furent, comme la première fois, le siège d'un rhumatisme avec gonflement et douleurs vives, et avec impossibilité de mouvement. Vers le milieu de juillet de la même année, cet enfant arriva à Saint-Laurent, ne pouvant se soutenir sur les jambes qu'avec le secours de deux béquilles; il était très amaigri, les articulations des extrémités supérieures et inférieures étaient très engorgées et dures, mais sans rougeur, l'appétit était presque nul; cependant, il n'y avait pas de fièvre. Au bout de quatre ou cinq jours de traitement par les bains, douches et étuves, l'appétit se déclara, les douleurs cessèrent et, onze jours après, les engorgements des genoux, des malléoles, des coudes et des poignets avaient diminué des trois quarts. Les sueurs étaient très abondantes. Le malade étant un peu affaibli, nous fîmes suspendre le traitement pendant un jour. Il fut ensuite soumis seulement aux douches, matin et soir, et à une étuve par jour pendant neuf jours. Après ce temps, le petit malade marchait, courait même sans canne; les souffrances avaient entièrement disparu, et l'embonpoint revint peu à peu. Le 16 août, le jeune malade partit parfaitement guéri.

HUITIÈME OBSERVATION

Rhumatisme goutteux depuis deux ans

Mlle Pu... Et..., de Saint-Chaumont (Loire), âgée de 30 ans, d'un tempérament limphatico-sanguin, d'une constitution délicate, bien réglée, après avoir couché les fenêtres ouvertes, ressentit des douleurs intenses dans les articulations des deux genoux, qui s'engorgèrent considérablement et devinrent le siège d'une inflammation ou rougeur vive. On appliqua des sangsues, qui triomphèrent de cette inflammation, mais non de l'engorgement. La malade ne put quitter le lit qu'au bout de deux mois, et, encore, avec le secours de deux béquilles; elle ne faisait que quelques pas, c'était en 1838, au mois de juillet. La position de Mlle Pu... s'améliora un peu par l'usage des bains de vapeur, mais elle souffrait encore lorsque le vent du Midi soufflait ou que le temps menaçait de pluie. L'engorgement des articulations avait considérablement diminué, mais non pas entièrement. Pendant le courant de l'année 1839, il y eut de nouvelles atteintes et des alternatives de bien et de mal. Enfin, en 1840, Mlle Pu... arriva, le 2 juillet, à Saint-Laurent, ne pouvant marcher qu'avec des béquilles. Les deux premiers jours, elle prit un seul bain par jour; ensuite elle prit une seule douche, puis seulement les étuves, qui produisirent une abondante transpiration. De temps en temps, nous revenions aux douches. et ce traitement, continué jusqu'au 16 juillet, améliora tellement sa position, qu'elle déposa d'abord une béquille le 11 juillet, et, le 16, elle put marcher assez facilement avec une canne; nous conseillâmes de continuer le traitement. La malade prolongea son séjour aux eaux jusqu'au 25 juillet; alors elle se promenait sans canne et sans trop de fatigue. Il restait un peu de roideur, mais l'engorgement avait disparu. En 1841, nous revîmes Mlle Pu... à Saint-Laurent. Elle avait un peu souffert du genou pendant l'hiver et aux variations de l'atmosphère. Elle nous dit qu'elle revenait par reconnaissance; nous l'approuvâmes beaucoup et nous l'engageâmes à suivre le même traitement de l'année précédente, ce qu'elle fit. A son départ, elle se portait parfaitement; depuis cette époque nous n'avons plus eu de ses nouvelles.

NEUVIÈME OBSERVATION

Rhumatisme chronique

Abu..., du Vialars (Haute-Loire), âgé de 28 à 30 ans, fut transporté à Saint-Laurent en juillet 1839. Il était atteint, depuis sept mois, d'un rhumatisme goutteux chronique qui avait envahi toutes les articulations des extrémités supérieures et inférieures. M. le docteur Calmart-Lafayette, qui avait dirigé avec soin un traitement bien entendu, n'avait pu obtenir pour son malade qu'un léger amendement. Cet homme ne pouvait pas se lever; il gardait constamment le lit et éprouvait, quelquefois, des exacerbations des plus intenses. D'après l'avis éclairé de M. Calmart, il partit pour Saint-Laurent. Le traitement fut immédiatement commencé; les deux premiers bains restèrent sans effet, mais la première douche, suivie de l'étuve ou bain de vapeur, apporta un bien-être qu'Abu... n'avait pas éprouvé depuis le commencement de sa maladie. Au bout de six jours, il put sortir seul de son lit et, à l'aide d'une béquille et d'une canne, il se rendit à la douche et à l'étuve. La diaphorèse s'établit très abondamment et, peu à peu, Abu... recouvra l'usage de ses mouvements. Il quitta sa béquille et put, au bout de dix-huit jours, se promener pendant une heure sans le secours de sa canne. Il partit, le vingt-deuxième jour, en très bonne santé. Je lui conseillai de porter la flanelle sur le corps, d'éviter le froid et l'humidité, et je l'engageai à revenir l'année suivante. En juillet 1830, Abu... revint, mais il me dit qu'il venait visiter nos eaux en amateur, car il n'avait plus souffert; aussi ne séjourna-t-il à Saint-Laurent que dix jours. Il se portait très bien, et me dit qu'à l'apparition de la moindre douleur, il reviendrait visiter les eaux thermales; mais, depuis cette époque, il n'est pas revenu.

DIXIÈME OBSERVATION

Rhumatisme chronique

Ali... Ja..., de Saint-Laurent-des-Arbres, canton de Roquemaure (Gard), cultivateur, âgé de 65 ans, d'un tempérament sanguin, bilieux, d'une bonne constitution, fut atteint, en 1848, au mois de décembre, d'un rhumatisme articulaire général, sans engorgement des articulations, qui le força à garder le lit pendant trois mois; quelques moyens mis en usage soulagèrent un peu Ali..., et il put se transporter avec peine dans le village, à quelque distance de son habitation, afin de pourvoir à ses besoins, car il n'avait aucun moyen d'existence. La maladie se fixa sur les lombes et les douleurs ne varièrent plus, mais elles obligèrent le malade à se tenir constamment courbé en avant. Au mois d'août 1849, Ali... se rendit à Saint-Laurent, ayant le corps plié en deux et marchant avec peine. Il éprouvait, lors des variations de l'atmosphère, un redoublemeut dans les douleurs lombaires; du reste, il n'avait pas de fièvre et aucun dérangement dans les fonctions digestives. Il commença l'usage des eaux thermales : les premiers bains le soulagèrent sensiblement; les douches, aidées des bains de vapeur et de l'eau thermale en boisson, déterminèrent une transpiration très abondante. Peu à peu les douleurs cessèrent, et le malade put redresser le tronc et se tenir dans cette position sans aucune gêne. Au bout de douze jours, Ali... allait si bien qu'il voulut partir, n'ayant plus aucune ressource pécuniaire; mais je pus lui procurer une petite somme pour le faire séjourner quelques jours de plus. Il partit, vingt-quatre jours après son arrivée, étant dans une santé parfaite. Depuis cette époque, il y a trois ans, j'ai eu de ses nouvelles, et l'on m'a assuré qu'il n'avait plus eu de récidive. Il continue à travailler la terre et, par ce moyen, il se trouve dans une position au-dessus du besoin.

ONZIÈME OBSERVATION

Rhumatisme général

Ol..., de Pertuis, département de Vaucluse, âgé de 27 ans, d'un tempérament bilioso-sanguin, d'une constitution forte, fut apporté, le 2 août 1806, à Saint-Laurent. Il était entièrement perclus de tous ses membres; on le déposa sur un lit en arrivant. Les doigts des deux mains étaient fortement fléchis. Cet état durait depuis six mois, mais il y avait eu quelques intervalles de mieux.

Mon père prescrivit l'usage des eaux; au bout de six jours, les doigts commencèrent à s'étendre. Treize jours après, Ol... marchait sans soutien et se mettait à table, où il se servait parfaitement des mains. Il partit, le 24 août, très satisfait de l'effet des *Eaux de Saint-Laurent.* En 1816, il revint à Saint-Laurent, ayant une douleur à la région lombaire; quelques bains, douches et étuves, suffirent pour en faire justice. En 1839, Ol... revint encore, conduisant un de ses enfants qui s'était fracturé l'avant-bras gauche, fracture dont la réduction avait été mal opérée. Cet homme se présenta à mon père, qui ne le reconnut pas. Il lui dit que, depuis 1816, il n'avait eu aucun symptôme de sa première maladie.

Je ne crois pas utile de mentionner ici d'autres observations de guérisons de rhumatismes opérées par l'usage bien ordonné des *Eaux thermales de Saint-Laurent,* car on ne saurait mettre en doute la propriété curative de ces eaux. Cette vertu leur est si justement acquise que, chaque année, nous voyons un nombre de malades, pris et cloués par des rhumatismes, obtenir, par leur emploi, la cessation des douleurs qu'ils éprouvaient, depuis un laps de temps plus ou moins long, aux bras, aux jambes ou à tout autre organe, et retrouver, à Saint-Laurent, l'usage du mouvement qu'ils avaient en grande partie et même totalement perdu. Je ne pense pas qu'il puisse se trouver aucun détracteur parmi les nombreux témoins des cures qui s'opèrent tous les ans à nos eaux.

Des Sciatiques et Névralgies

PREMIÈRE OBSERVATION

Sciatique gauche

Bon..., de Saint-Sauveur, canton du Buis (Drôme), fut atteint, en avril 1838, d'une violente douleur de sciatique, qui ne put céder à l'application des sangsues, des vésicatoires, de la térébenthine, etc. Au mois de juillet de la même année, il se rendit à Saint-Laurent. Il souffrait moins, mais il ne pouvait se soutenir sur la cuisse gauche qu'avec le secours d'une canne; la cuisse était émaciée. Il fit usage d'un ou deux bains, des douches et des étuves pendant treize jours de suite. Il fut soulagé dès les premiers jours; il dormit et put rester au lit, chose qui ne lui était pas possible, du moins toute la nuit qui suivit son arrivée à Saint-Laurent; enfin, il abandonna sa canne, sa cuisse augmenta de volume; cependant, elle n'acquit pas la grosseur qu'elle avait auparavant. Il partit, à la fin de juillet, après vingt-trois jours de traitement, bien remis, selon toute apparence; mais, ayant habité un appartement humide, la sciatique se déclara de nouveau. Il s'enveloppa la cuisse et la jambe dans du coton recouvert de taffetas ciré; la transpiration s'établit et le mal devint très supportable. Il quitta son appartement, prit la flanelle sur la cuisse, comme nous lui avions conseillé, et, enfin, arriva, au commencement de l'été de 1849, avec des intervalles de souffrance et de soulagement. Le 30 juin, Bon... arriva à Saint-Laurent, et, ayant usé, trois jours après, de nos eaux, d'après la prescription qui lui avait été faite, il fut entièrement débarrassé de sa maladie. L'émaciation de la cuisse diminua progressivement et il retourna chez lui, après un séjour à Saint-Laurent de dix-neuf jours, pensant être bien guéri. Deux de ses compatriotes m'ont assuré que sa santé était parfaite.

DEUXIÈME OBSERVATION

Sciatique

M. Gasq..., de Pernes, département de Vaucluse, ancien garde-du-corps, âgé de 30 à 34 ans, d'un tempérament sanguin, d'une constitution forte, fut atteint, en 1831 à 1832, d'une douleur de sciatique du côté droit, très intense, qui le priva de la marche et même du mouvement de l'extrémité affectée. Aucun traitement ne parvint à le débarrasser de la douleur; il se décida à venir à Saint-Laurent, en 1832. Alors, la cuisse et la jambe étaient très émaciées; la douleur était un peu moindre, mais elle était toujours très forte. Les bains, les douches, les étuves et l'usage interne des eaux thermales, administrées convenablement, apportèrent un calme qu'il n'avait pu goûter depuis plusieurs mois. Il transpira très abondamment, et, après un séjour de trois semaines à Saint-Laurent, il partit bien portant. La cuisse n'avait pas repris son volume.

En 1833, M. Gasq... est revenu. Il avait eu quelques légères souffrances; l'émaciation de la cuisse malade était très peu sensible, mais il avait voulu guérir radicalement, et c'est ce qui l'avait engagé à revenir à nos eaux. Cette fois, il séjourna quinze à vingt jours, et il partit très bien remis. Quelques années après, un pharmacien de Pernes, qui vint lui-même pour prendre les bains de Saint-Laurent, pour une maladie semblable, et qui fut entièrement guéri, me dit que M. Gasq... n'avait eu aucune atteinte de sa maladie.

TROISIÈME OBSERVATION

Sciatique et lumbago

Ant... P..., du Pont-Saint-Esprit (Gard), cultivateur, âgé de 39 ans, après s'être mouillé, au mois de février 1813, éprouva une vive douleur dans les lombes, qui s'irradiait dans les deux cuisses sur tout le trajet du nerf sciatique, et même se prolongeait du côté gauche jusqu'au pied. Il fit venir un médecin, qui lui fit suivre un traitement qui calma la violence des douleurs, mais il ne pouvait pas rester couché, car la chaleur du lit exaspérait de suite le mal. Enfin, peu à peu, le calme arriva, mais pas entièrement; il ne pouvait marcher qu'avec beaucoup de peine. Au mois de juillet de la même année, il voulut arroser son jardin; dès lors, les douleurs augmentèrent, il ne put presque pas marcher ni se coucher; cependant, il put trouver un peu de calme en s'exposant à une forte chaleur. Dès qu'il put supporter la voiture, il se fit porter à Saint-Laurent, mais les voitures n'arrivant pas, alors, tout à fait jusqu'au village, on le plaça sur un mulet, et, après de vives souffrances, il parvint au terme de son voyage. Le lendemain de son arrivée, mon père lui ordonna un bain, puis les douches, et, enfin, il ne prit plus que les douches. Huit jours après, il se promenait sans gêne et sans souffrance. Cette guérison s'est parfaitement maintenue.

QUATRIÈME OBSERVATION

Sciatique

M. Fr... Fr..., de Chambéry, négociant, se trouvant à Nimes pour les affaires de son commerce, fut atteint, le 15 juillet 1822, d'une douleur de sciatique du côté droit, qui le priva de suite de l'usage de la cuisse et de la jambe droites. Il fit appeler M. le docteur Fontaine qui, après lui avoir fait suivre, pendant quelques jours, un traitement, parvint à calmer assez ses douleurs pour qu'il put se remettre en route. M. Fontaine lui conseilla d'aller à Saint-Laurent. Dès son arrivée, M. Fr... fit appeler mon père : le voyage avait exaspéré ses douleurs, et il ne put entrer dans le bain que deux jours après. L'amélioration se prononça, les étuves le firent abondamment transpirer, et il fut sur pied sept jours après. Il partit parfaitement guéri, après un séjour de vingt-deux jours à Saint-Laurent.

CINQUIÈME OBSERVATION

Sciatique

Mlle Ch... A..., de Saint-Genis-Terre-Noire, près de Rive-de-Gier (Loire), âgée de 20 ans, d'un tempérament lymphatico-sanguin, d'une bonne constitution, ayant le pouls calme, peu réglée, fut atteinte, au mois d'avril 1829, d'une sciatique du côté droit avec un engorgement du genou du même côté, à la suite d'un refroidissement. Malgré tous les moyens employés par M. le docteur Rigolaud, médecin à Saint-Etienne-en-Forez, la malade souffrit et n'obtint qu'un léger soulagement. Peu à peu la jambe se fléchit sur la cuisse, et Mlle Ch... arriva à Saint-Laurent dans cet état au commencement de juillet 1829. Mon père lui conseilla les bains; ensuite, le second jour, les douches, et puis, plus tard, les étuves, en aidant l'effet du traitement externe par quelques verres d'eau. Au bout de quatre jours, la malade étendit un peu mieux la jambe, et les douleurs commencèrent à se calmer. L'amélioration se prononça encore progressivement, sans, cependant, que la guérison entière eut lieu; mais, le 27 juillet, jour de son départ, elle pouvait marcher en boitant, vu que l'extension de la jambe ne pouvait pas se faire totalement, ce qui rendait l'extrémité malade plus courte que l'autre. Mais les douleurs étaient calmées; il se déclara une sueur abondante, et elle partit très satisfaite du résultat qu'elle avait obtenu. Il lui fut conseillé de revenir l'année suivante. En juillet 1830, Mlle Ch... arriva à Saint-Laurent, ayant passé l'hiver avec quelques légères atteintes de ses douleurs dans la cuisse; la jambe ne pouvait pas mieux s'étendre, et il fut constaté qu'il existait un obstacle dans l'articulation qui s'opposait à l'extension totale de la jambe; c'était une fausse ankilose qui, par l'usage des bains et des douches, diminua très sensiblement, mais ne disparut pas entièrement.

SIXIÈME OBSERVATION

Sciatique très intense des deux côtés

M. Ro..., de Bains, département des Vosges, marchand ambulant, était sujet à des douleurs plus ou moins vives, qui avaient leur siège sur le trajet du nerf sciatique droit, mais elles n'étaient pas assez intenses pour que le malade jugeât nécessaire d'y faire attention. Un an après avoir essuyé un orage, M. Ro... ressentit des douleurs plus vives, qui s'étendirent au trajet des deux nerfs sciatiques; il appliqua, plusieurs fois, des sangsues et parvint à calmer momentanément ses douleurs. Mais, au mois d'avril 1846, elles s'exaspèrent au point de faire pousser des cris au malade; il ne pouvait ni marcher, ni se coucher; la chaleur du lit lui était insupportable : les frictions avec l'huile de jusquianne, et l'opium à l'intérieur, parvinrent enfin à le soulager un peu. Au commencement de juillet 1846, il se fit porter à Saint-Laurent; il prit un bain qui, loin de le soulager, ne fit qu'irriter ses souffrances. Il vint me consulter : je conseillai de suspendre les bains, mais d'essayer ceux de vapeur et de boire quelques verres d'eau. Ces moyens, au bout de deux jours, diminuèrent considérablement sa maladie; des sueurs abondantes s'établirent, et la douche, prise matin et soir, ainsi que les étuves, firent, dans dix-sept jours, disparaître entièrement les douleurs. M. Ro... partit de Saint-Laurent le 27 juillet, étant entièrement guéri.

SEPTIÈME OBSERVATION

Sciatique droite

M. Sa..., de Joyeuse (Ardèche), négociant en soie, âgé de 44 à 45 ans, fut atteint, en mars 1832, d'une névralgie sciatique droite, à la suite de l'impression du froid. Les anti-phlogistiques, les fumigations de camphre et de succin, l'essence de térébenthine à l'intérieur, d'après la méthode de Martinet, etc., ne purent faire disparaître entièrement cette affection. Les vésicatoires calmèrent un peu les douleurs, qui, cependant, étaient encore assez vives à la fin de juin. M. Sa... se fit transporter à Saint-Laurent; au sixième jour de traitement, il commença à transpirer très abondamment, et, dès lors, les douleurs cédèrent; en sorte que, le dixième jour, M. Sa... put faire une promenade assez longue. Ce malade est révenu à Saint-Laurent pendant trois saisons consécutives, plutôt par reconnaissance que par besoin, car il est entièrement guéri. J'ai occasion de revoir souvent M. Sa..., et je puis assurer que la cure de sa maladie ne s'est nullement démentie.

HUITIÈME OBSERVATION

Névralgie faciale ou tic douloureux

Mme M..., des Vans (Ardèche), âgée de 32 ans, bien réglée, d'un tempérament sanguin nerveux, après un refroidissement et quelques peines morales, fut atteinte subitement, le 7 mai 1836, d'une douleur vive à la face, du côté gauche, au-dessous de l'œil. Cette douleur s'irradiait jusqu'auprès de l'oreille; elle dura cinq heures et disparut. Le lendemain, elle revint à la même heure et dura un peu plus : enfin, Mme M... consulta mon père, qui lui conseilla le sulfate de quinine uni à la valériane et à l'assa-fœtida. La névralgie périodique revint un peu plus tard et moins intense; ces moyens diminuèrent peu à peu la douleur, mais elle reparut à des intervalles irréguliers. L'application des sangsues, celle de l'extrait de belladone, la morphine, le carbonate de fer intérieurement, etc., ne purent pas entièrement triompher de cette névralgie. Alors Mme M..., par les conseils de mon père, se rendit à Saint-Laurent. Dès les premiers jours, les bains tempérés, les douches et les bains de vapeur suffirent pour faire disparaître ce tic douloureux, qui n'a plus reparu depuis, et Mme M... jouit d'une bonne santé.

NEUVIÈME OBSERVATION

Névralgie faciale périodique depuis dix ans

M. Mag..., de Serrières (Ardèche), âgé de 32 ans, d'un tempérament sanguin et nerveux, arriva à Saint-Laurent le 18 juillet 1840, pour y faire usage des bains, d'après l'avis de plusieurs médecins de Lyon, afin de faire disparaître une névralgie faciale dont il était atteint depuis dix ans; elle envahissait toute la partie latérale gauche de la face et avait résisté à plusieurs traitements. Cette névralgie était continuelle, mais elle avait des exacerbations tous les trois jours à des heures fixes, et ces recrudescences duraient une heure. On était parvenu à détruire la périodicité de ces redoublements pendant quelques temps, mais cette amélioration n'était que momentanée. M. Vericel, de Lyon, l'avait surtout engagé à essayer les *Eaux de Saint-Laurent*. Le 10 juillet 1840, M. Mag... prit un bain, le lendemain une douche après le bain, puis il essaya les étuves; ce dernier moyen parut calmer l'acuité des douleurs qui, du reste, ne suivaient pas un type régulier. Le même traitement fut suivi encore jusqu'au 22 juillet. A cette époque, M. Mag... nous a assuré n'avoir ressenti aucune douleur depuis trois jours et trois nuits; mais, le soir même, s'étant exposé à l'humidité froide, en se promenant jusqu'à neuf heures, il ressentit son tic douloureux, mais légèrement. Je lui conseillai d'aller s'exposer à l'étuve pendant un quart d'heure; cet avis fut suivi, une transpiration des plus abondantes eut lieu, et la douleur névralgique ne reparut plus. Le même traitement fut encore mis en usage jusqu'au 28 juillet, époque à laquelle M. Mag... quitta Saint-Laurent. J'eus occasion, à la fin du mois d'août de la même année, de voir des personnes de Serrières, qui me donnèrent des nouvelles de ce malade, et m'assurèrent que sa névralgie n'avait pas reparu. J'ignore s'il n'y a pas eu de récidive, mais je puis assurer que l'usage des *Eaux thermales de Saint-Laurent* a produit un effet bien plus avantageux et plus efficace que tous les traitements conseillés par les Médecins de Lyon.

DIXIÈME OBSERVATION

Névralgie faciale droite

Mlle H... F..., d'Alais (Gard), âgée de 31 ans, d'un tempérament bilioso-sanguin, d'une bonne constitution, bien réglée, fut atteinte, le 12 janvier 1827, d'une douleur violente sur tout le trajet du nerf facial du côté droit, surtout au-dessus du sourcil droit. Les souffrances durèrent deux heures; après, elle fut calme et ne ressentit plus rien. Le lendemain, à la même heure, la névralgie reparut; alors on employa le sulfate de quinine : mais la douleur revint encore le lendemain, avec moins de force, il est vrai, et seulement pendant une heure. Enfin, six jours après, il ne se manifesfait plus, à la même heure du matin, qu'un engourdissement et un léger fourmillement sur le trajet du nerf atteint. Quelques anti-spasmodiques, l'extrait de belladone, appliqué sur le lieu de la névralgie, firent disparaître les accidents, et Mlle H... parut être débarrassée de cette douleur. Mais, le 12 février suivant, à la même heure du matin, après s'être exposée au froid, elle vit reparaître sa névralgie avec la même intensité et la même durée que la première fois. Les mêmes moyens, pour la combattre, furent inutiles; il fallut avoir recours à l'application des sangsues, des narcotiques, etc.; mais on ne put calmer entièrement ces douleurs, elles prirent une marche très irrégulière et devinrent, cependant, supportables. Cet état dura jusqu'au mois de juillet, époque à laquelle on conseilla les *Eaux de Saint-Laurent.* Mlle H... y arriva le 4 juillet 1828 : mon père lui prescrivit les bains très tempérés, puis les douches à arrosoir, quelques bains secs, et l'usage interne des eaux mélangées avec l'eau de veau. Au bout de sept jours, Mlle H... éprouva un grand soulagement, et, enfin, sous l'influence de ce traitement, prolongé pendant vingt-quatre jours, la cure s'opéra entièrement. Mlle H... est revenue à Saint-Laurent deux autres années consécutives, et nous a assuré n'avoir plus rien éprouvé de sa névralgie.

Je ne prétends point assurer que nos eaux guérissent toutes les névralgies. Nous en avons vu un grand nombre guérir, mais aussi d'autres n'ont éprouvé qu'un amendement plus ou moins marqué, et d'autres n'en ont retiré aucun effet; mais ce que nous pouvons dire, c'est que nous n'avons pas observé que l'usage des eaux thermales, sagement administrées, aient occasionné une augmentation ou recrudescence dans les névralgies.

Je ne vois pas la nécessité de publier d'autres faits de guérison de cette classe de névroses, pour convaincre mes lecteurs de l'efficacité des eaux thermales dans ce genre de maladie. Je pourrais encore multiplier la publicité des *Observations* nombreuses des guérisons qui se sont opérées à Saint-Laurent, depuis 1806 jusqu'à ce jour, et qui ont été recueillies; mais, en donnant plus d'étendue à cet ouvrage, je dépasserais les bornes d'un mémoire, et je n'ai pas l'intention de donner un écrit plus étendu.

De la Goutte

La goutte est une maladie des plus rebelles à tous les traitements, et, en mentionnant ici la propriété antiarthritique des *Eaux thermales de Saint-Laurent,* je n'ai pas la prétention de leur attribuer une vertu entièrement curative de la goutte bien caractérisée, mais on ne peut pas leur refuser une action des plus efficaces contre cette cruelle maladie. Nous avons des exemples très multipliés de guérisons de rhumatismes goutteux, et nous voyons, chaque année, arriver ici des goutteux qui obtiennent constamment un amendement plus ou moins sensible, et l'emploi des *Eaux de Saint-Laurent,* quoique ne guérissant pas radicalement, éloigne tellement les accès, que plusieurs goutteux y reviennent tous les deux ou trois ans et, moyennant leur usage, ils se trouvent exempts de voir reparaître la goutte; ou bien, s'ils en sont de nouveau atteints, ils n'éprouvent que de très légers et rares accès, tandis qu'avant d'avoir eu recours à ces eaux, ils avaient trois et quelquefois quatre attaques pendant l'année.

Voulant être consciencieux avant tout, dans cet exposé sur les *Eaux de Saint-Laurent,* et ayant annoncé que je donnerais quelques *Observations* pour corroborer leurs propriétés médicales, dans telle ou telle maladie, je vais en citer quelques-unes concernant la goutte :

PREMIÈRE OBSERVATION

Goutte depuis quatre ans

Chat..., de Saint-Etienne-en-Forez (Loire), âgé de 30 ans, d'un tempérament sanguin, d'une constitution forte, ayant le pouls large et développé, fut atteint, au printemps de 1834, après un excès de régime et une course à pied, par un temps pluvieux, d'une violente douleur au gros orteil droit, qui se tuméfia et s'enflamma assez vivement. Un Médecin consulté prescrivit l'application des sangsues et une saignée, etc.; mais ces moyens ne procurèrent que peu d'amendement, la douleur et l'engorgement ne se dissipèrent qu'au bout d'un mois. Une nouvelle attaque se déclara cinq mois après, et la goutte envahit non seulement l'orteil, mais la malléole; enfin, dans l'espace de quatre ans, le malade a eu, chaque année, de quatre à sept attaques de goutte, qu'on a combattues sans beaucoup d'avantage. Chat... ayant vu, à Saint-Etienne, plusieurs individus qui avaient fait usage des *Eaux thermales de Saint-Laurent,* avec le plus grand succès, contre la maladie dont il était atteint, se décida à y venir le 6 août 1837. A son arrivée, le genou était excessivement tuméfié, mais ne présentait pas de rougeur; il était légèrement sensible au toucher, le pouls était peu fébrile. Dès le lendemain, le malade prit un bain de demi-heure; après le troisième bain, une douche; ensuite le traitement fut modifié, soit pour les douches et les étuves, soit pour l'usage interne de l'eau. Au bout de sept jours, Chat... put se promener sans beaucoup de peine. L'amélioration ne se décida qu'après une abondante transpiration et une excrétion d'urine bourbeuse, qui dura pendant les dix premiers jours du traitement. Il buvait jusqu'à quinze verres d'eau thermale chaque jour, et, dès que les urines devinrent claires et normales, l'engorgement et la douleur disparurent, et le malade se crut guéri. Je conseillai un régime sévère. Il partit, après avoir séjourné à Saint-Laurent vingt-deux jours. En 1838, nous avons revu Chat..., qui n'avait eu que de très légères atteintes de goutte au printemps, et encore à la suite d'un écart de régime. En 1839, il revint encore : il avait eu aussi, au mois de décembre, une douleur légère de goutte au pouce et à l'index de la main gauche, mais la tuméfaction avait persisté pendant un mois. En 1843, Chat... a fait une quatrième visite aux eaux : cette fois, c'était le genou gauche qui était le siège de la goutte. Toujours les premiers bains et l'usage interne des eaux à haute dose, aidés des douches et des étuves, ont triomphé de cette affection, et le malade avait toujours remarqué que, dès que la transpiration et la sécrétion abondante des urines avait lieu, la goutte disparaissait. Depuis 1843, je n'ai pas eu de nouvelles de cet individu.

SECONDE OBSERVATION

Goutte

Mlle Dey..., de Thueyts, arrondissement de Largentière, âgée de 32 ans, bien réglée, issue d'un père goutteux, ressentit, pendant l'automne de 1829, de légères douleurs dans le gros orteil du pied droit, avec un peu de rougeur et de gonflement de l'articulation. Ces accidents persistèrent pendant quinze à vingt jours, puis se dissipèrent sans qu'aucun moyen eût été pris pour les combattre. Au printemps de 1830, la même affection se montra de nouveau à la même articulation et aux doigts de la main gauche. Des saignées, des purgatifs furent mis en usage, mais n'apportèrent pas un grand changement dans le mal. Mlle Dey... ne pouvait pas se servir de la main; il se forma, peu à peu, des nodosités dans les articulations des doigts et du poignet gauche; l'orteil était entièrement revenu dans l'état normal. Les douleurs diminuèrent peu à peu d'intensité, mais l'engorgement persista toujours. La malade commença, cependant, à pouvoir se servir avec difficulté de la main : elle s'exposa à plonger les mains dans l'eau froide, et, le soir même qui suivit cette imprudence, elle vit reparaître avec intensité les douleurs des mains et des poignets, qui, cette fois, envahirent les deux mains; les nodosités parurent aussi à la main droite : c'était alors à la fin de mai. Le Médecin consulté, après avoir prescrit quelques moyens qui soulagèrent la malade, lui conseilla d'aller prendre les *Eaux de Saint-Laurent* lorsque l'état aigu de sa goutte serait passé. Le 4 juillet 1830, Mlle Dey... commença, d'après l'avis de mon père, à faire usage des bains très tempérés, puis de la douche après le troisième bain; elle but aussi huit verres d'eau chaque jour. Le 7 juillet, l'amélioration, dès ce moment, devint sensible. La malade continua le même traitement, prit, de plus, une étuve par jour; et, tous les jours, avant de se coucher, elle se promenait pendant une demi-heure autour des piscines. Le 16 juillet, la guérison était presque complète; les articulations des doigts seuls avaient encore conservé un peu d'engorgement; mais, le 24 juillet, tout avait disparu, et Mlle Dey... partit bien guérie. Cette malade est revenue en 1833 et en 1841, ayant eu, à ces deux époques, une attaque de goutte : la première fois, au pouce de la main droite, et, la seconde fois, au genou gauche; mais ces deux attaques avaient été légères et furent provoquées par des imprudences que commit Mlle Dey...

TROISIÈME OBSERVATION

Goutte

M. M..., de Crest (Drôme), ancien militaire, âgé de 38 ans, d'un tempérament sanguin-bilieux, fut atteint, en 1820, d'une forte attaque de goutte qui envahit les deux orteils des deux pieds, la plante du pied droit et les articulations des doigts des deux mains. M. M... suivit différents traitements, qui lui furent indiqués par plusieurs Médecins, mais il n'en éprouva que de faibles soulagements. La maladie diminua progressivement et permit au malade de marcher avec difficulté cependant, et à se servir avec peine des mains; il eut, par intervalle, des exacerbations plus ou moins fortes de goutte, jusqu'au mois d'avril 1823 : à cette époque, il fut atteint de son affection arthritique, d'une manière plus intense que la première fois; il resta au lit jusqu'à la fin de juillet de la même année. Il se rendit alors à Saint-Laurent : il marchait avec deux béquilles; les doigts de la main droite étaient à demi-fléchis, et il existait des nodosités aux articulations; ceux de la main gauche étaient moins affectés : les deux gros orteils étaient engorgés, mais sans rougeur. Mon père prescrivit un seul bain, le premier jour, et huit verres d'eau en boissons; le second jour, deux bains tempérés : la transpiration s'établit et les urines devinrent bourbeuses et abondantes. Dès ce moment, les articulations des doigts des mains devinrent plus souples; la sécrétion des urines continua à se faire avec abondance, la transpiration, sous l'influence des étuves, augmenta beaucoup, et l'amélioration du malade se prononça davantage tous les jours. Au 4 août, l'engorgement des articulations était réduit des trois quarts; le malade avait quitté ses béquilles et marchait, avec un peu de peine, seulement à l'aide d'un bâton. La guérison arriva le 12 août, époque à laquelle M. M... partit, en promettant de revenir l'année suivante.

Le 2 juillet 1824, M. M... revint à Saint-Laurent. Il m'assura n'avoir eu que deux attaques légères de goutte pendant toute l'année, et encore, la première, avait-elle été provoquée par l'humidité, c'était le 24 décembre; la seconde avait eu lieu le 10 mai, après une marche forcée de six heures de suite, mais elles avaient été bien supportables; c'étaient les pieds qui avaient été le siège de la goutte. Le malade suivit, en 1824, à peu près le même mode de traitement que mon père lui avait prescrit l'année précédente, et tout se passa bien. En 1826, M. M... se rendit de nouveau à Saint-Laurent; il avait eu encore quelques atteintes arthritiques qui ne l'avaient pas empêché de se promener. — Il est bon, en tout, de rendre hommage à la vérité, et je dois dire que M. M... avait été militaire pendant longtemps; outre les fatigues et les privations inséparables de la guerre, il avait contracté l'habitude des liqueurs, dont il n'abusait pas; mais, depuis sa forte atteinte de goutte, il en avait abandonné l'usage et se tenait à un régime assez sévère.

Les autres *Observations* que je pourrais encore citer n'offriraient pas plus d'intérêt, aussi je me dispense de les publier; seulement, je ferai remarquer que, chez presque tous les goutteux, dès que l'amendement s'est prononcé, la maladie s'est jugée par les sueurs et l'abondance des urines bourbeuses. Il me paraît essentiel de faire observer ici une contradiction qui existe dans l'opinion de Bordeu et la manière d'agir des *Eaux thermales de Saint-Laurent*, qui contiennent, incontestablement, du soufre. Bordeu dit que la goutte se déclare fréquemment sous l'influence de bains sulfureux lorsque les malades en font usage pour tout autre genre d'affection. On pourrait, il me semble, expliquer l'action curative des *Eaux de Saint-Laurent*, dans la goutte, en pensant que la combinaison des sels ou matières constituantes de ces eaux peut neutraliser l'effet nuisible que Bordeu a reconnu dans les eaux éminemment sulfureuses de Gréoulx, de Bagnols, etc., car nous voyons les goutteux qui fréquentent Saint-Laurent n'éprouver que du bien de l'usage de ses eaux : l'expérience est là; c'est la meilleure raison que l'on puisse opposer à cette objection.

Des maladies de la peau

Dans cet article, je vais d'abord citer une *Observation* très intéressante qui fut communiquée à feu M. le docteur Alibert, qui avait eu en traitement, à l'hôpital Saint-Louis, l'individu qui en fait le sujet.

PREMIÈRE OBSERVATION

Dartre icthyose

M. Caz..., de Loriol (Drôme), ancien officier retraité, âgé de 59 à 60 ans, d'un tempérament bilieux, maigre et sec, avait, depuis dix ans, à la suite d'une vieille gale qu'aucun traitement n'avait pu faire disparaître, une affection dartreuse de l'ordre des squames de la première sous-division, qu'on nomme icthyose, d'après l'ordre adopté par MM. Alibert et Gibert. M. Caz... avait tout le corps, les extrémités inférieures et supérieures, la face exceptée, et les parties génitales, couvert d'une dartre d'un blanc terreux, fendillée, dure, semblable aux écailles de poisson, qui tombaient facilement par une friction assez forte. Cette affection hideuse avait été traitée infructueusement à l'hôpital Saint-Louis, à Paris; plusieurs eaux sulfureuses, dont il avait fait usage, n'avaient pu triompher de cette maladie. Il avait fait, l'année précédente, un voyage aux eaux sulfureuses froides de Montmirail, près de Vacqueyras (Vaucluse), mais leur usage prolongé n'avait apporté qu'une légère amélioration à cette maladie. Je ne donnai que peu d'espoir de guérison à M. Caz...; cependant, il commença le traitement et, au huitième bain, il vint me trouver, tout joyeux, me disant qu'il était entièrement guéri. Je trouvai le corps dépouillé des écailles dont il était couvert; la peau était d'un brun violacé, un peu rugueuse, mais il me fut impossible, en frictionnant avec la main sur diverses régions du corps, de faire détacher la moindre pellicule. J'eus recours à une loupe très forte pour examiner l'épiderme, mais je ne reconnus rien d'anormal; cependant, on apercevait beaucoup de rugosités qui étaient, probablement, l'attache des écailles. Malgré le changement si inattendu qui s'était opéré chez mon malade, je crus prudent de lui conseiller un séjour de quinze jours de plus à Saint-Laurent. M. Caz... suivit mon avis; à son départ, voulant consolider la guérison, je lui prescrivis des dépuratifs et des bains sulfureux et gélatineux, avec injonction de revenir prendre les eaux l'année suivante; mais je n'en ai plus eu de nouvelles. Ce Monsieur était bien éprouvé par les fatigues de la guerre et par les blessures qu'il avait reçues; peut-être n'existe-t-il plus, ou bien n'a-t-il plus voulu revenir.

SECONDE OBSERVATION

Dartre furfuracée

Rol... Lo..., de Coudoulet, canton de Bagnols (Gard), âgée de 67 à 68 ans, arriva à Saint-Laurent le 14 juillet 1840, ayant, depuis trois ans, les mains couvertes d'une affection dartreuse furfuracée, qui augmentait tous les jours. Cette femme avait eu la gale quatre ans auparavant, et s'en était débarrassée avec beaucoup de peine. Elle suivit les conseils d'un charlatan, qui lui donna une pommade dont elle se frictionna le corps, ce qui fit disparaître presque spontanément cette éruption; mais, un an après, elle commença à éprouver une vive démangeaison sur les mains et une affection dartreuse furfuracée qui, en peu de temps, recouvrit les mains, le poignet et une partie de l'avant-bras. Elle essaya plusieurs traitements, qui furent infructueux, et, alors, elle se décida à venir à Saint-Laurent, où elle fit usage des bains et des étuves, but six ou huit verres d'eau chaque jour, et, le septième, elle était méconnaissable. La peau des mains et des poignets était débarrassée des dartres; il ne restait plus qu'une couleur sombre violacée, qui s'effaça un peu chaque jour, et, à son départ, il n'y avait plus de démangeaison, quoique la couleur sombre de la peau existât encore. Cette femme séjourna vingt jours seulement à Saint-Laurent. Je lui prescrivis un régime, des bains et un traitement, avec recommandation de revenir la saison suivante; mais, depuis 1840, je n'en ai pas eu de nouvelles.

TROISIÈME OBSERVATION

Dartre pustuleuse ou Mentagre d'Alibert

M. Gr..., sous-lieutenant d'infanterie, porte-drapeau, âgé de 30 ans, en garnison à Montélimar (Drôme), fut envoyé à Saint-Laurent, le 30 juin 1830, par M. le docteur Cuchet de cette ville. Cet officier était atteint d'une dartre pustuleuse, dite Mentagre d'Alibert, qui siégait sur tout le menton ; plusieurs plaques blanchâtres étaient privées de poils, le reste du menton était recouvert de croûtes plus ou moins épaisses. Quelques pustules restaient découvertes, donnant issue à une humeur qui s'épaississait peu d'instants après qu'elle était sortie. M. Gr..., était dans cet état depuis deux ans. M. le docteur Alibert lui avait fait suivre un traitement et avait cautérisé souvent ces pustules, avec le nitrate d'argent, mais toujours infructueusement. Les glandes sous-maxillaires du côté droit étaient engorgées, le pouls était naturel, l'appétit bon et la constitution nullement détériorée. M. Gr... fit usage de l'eau intérieurement à la dose de huit à dix verres par jour; il prit d'abord un seul bain, puis deux; il fit de fréquentes lotions sur la dartre avec l'eau thermale, et, pendant la nuit, il appliqua une compresse imbibée de la même eau sur le menton. Les étuves furent aussi employées, ainsi que quelques douches sur les glandes engorgées. Ce traitement dura jusqu'au 29 juillet, époque à laquelle il était entièrement débarrassé de sa maladie. Il partit le 30; et j'écrivis à ce sujet à mon honorable confrère, M. le docteur Cuchet, pour le prier de me donner des nouvelles de M. Gr..., s'il restait en garnison à Montélimar. Au mois de mars 1831, je me rendis dans cette ville. M. le docteur Cuchet eut l'obligeance de faire venir chez lui M. Gr..., afin de me convaincre qu'il n'y avait pas eu la moindre récidive.

QUATRIÈME OBSERVATION

Couperose ou Acné rosacea

Ant... J..., de Saint-Césaire, arrondissement de Grasse (Var), âgé de 34 ans, d'un tempérament sanguin-bilieux, fut atteint, en 1830, de rougeurs disséminées sur les joues et le nez avec un sentiment de prurit qui, s'il était satisfait, laissait enlever quelques petites pellicules. Ant... négligea cette éruption qui prit, peu à peu, un caractère plus grave. Il se rendit à Montpellier, à l'Hôtel-Dieu Saint-Eloi. M. Broussonet soupçonna une infection syphilitique et lui conseilla d'entrer dans la salle des vénériens; mais il refusa et demanda son exéat, en priant ce professeur de lui dire s'il pourrait faire usage des eaux minérales. M. Broussonet lui conseilla de venir à Saint-Laurent, conseil qu'il suivit. A son arrivée, toute la figure était couverte d'une couperose avec des pustules ou saillies ou aspérités dures au toucher, assez rapprochées les unes des autres, ne laissant qu'un très petit espace de peau non envahi par la maladie. Mon père conseilla les bains, de fréquentes lotions sur la figure avec les eaux thermales, ainsi que les eaux en boissons et les bains de vapeurs ou les étuves. Peu à peu les rougeurs de la face diminuèrent, et les saillies ou petits tubercules s'amoindrirent; au bout de vingt jours de traitement, on ne reconnaissait plus Ant..., tant il était changé. Il restait un peu de rougeur, et la plupart des tubercules s'étaient résous ou fondus; cependant, il en existait deux sous le nez qui, malgré une prolongation de cinq jours de traitement, résistaient, mais avaient considérablement diminué. Si le malade eût voulu séjourner quelques jours de plus, la résolution de ces pustules ou tubercules aurait probablement eu lieu.

CINQUIÈME OBSERVATION

Gale invétérée

Se... (Victor), de Beaumont, canton de Valgorge (Ardèche), âgé de 21 ans, fut atteint, en 1825, de la gale : il fit beaucoup de remèdes qui restèrent sans effet ; cependant, ayant gardé cette maladie pendant sept ans, on lui conseilla des lotions avec la décoction d'une plante dont il ne put indiquer le genre et l'espèce ; la gale disparut. Six mois après, les coudes et les articulations du genou devinrent le siège d'une dartre furfuracée, assez incommode à certaines époques, à cause de la forte démangeaison et de sa recrudescence, qui coïncidaient avec les phases de la nouvelle lune. Se. . ne réclama pas les secours de l'art pendant cinq ans. Enfin, étant venu chez moi dans le mois de juin 1837, je lui conseillai d'aller prendre les *Eaux de Saint-Laurent,* ce qu'il fit dans le mois de juillet suivant. Cet homme fit usage des bains, des étuves et de l'eau prise, intérieurement, pendant dix-sept jours ; avant le onzième, il était délivré de cette gale invétérée. Les premiers bains commencèrent par déterminer une éruption générale de gale ; mais, au neuvième bain, tout avait disparu, excepté ces espèces de dartres furfuracées, dont on voyait quelques traces aux deux coudes. Deux jours après, il ne resta qu'une teinte brune sur les régions qui étaient le siège de l'affection psorique. Se... quitta Saint-Laurent le dix-neuvième jour, parfaitement guéri.

Des vieux Ulcères et Plaies d'armes à feu

PREMIÈRE OBSERVATION

Ulcère atonique datant de six mois

Cos... (Marie), de la Rochette, commune de St-André-de-Lachamp, canton de Joyeuse (Ardèche), âgée de 64 ans, d'un tempérament limphatico-sanguin, d'une constitution assez forte, arriva à Saint-Laurent le 9 août 1842. Elle était atteinte, depuis six mois, à la suite d'une marche forcée, d'un large ulcère atonique situé au pied gauche; il occupait tout le dessous du tarse et avait deux pouces et demi de diamètre. Les tendons des orteils étaient à découvert, les bords de ce vaste ulcère étaient durs et calleux, il y avait une abondante suppuration ichoreuse de couleur roussâtre, le fond de l'ulcère était douloureux et la malade ne pouvait appuyer le pied à terre qu'avec la plus grande difficulté, lorsqu'elle voulait marcher. Avant de commencer le traitement, je cautérisai les bords calleux de l'ulcère avec le nitrate d'argent, ensuite je prescrivis un bain de pied ou pédiluve, matin et soir, et l'application continuelle sur l'ulcère d'une compresse imbibée d'eau thermale. Au bout de trois jours, l'ulcère était bien détergé et on voyait, dans le fond, des bourgeons charnus de bon caractère. Je prescrivis trois pédiluves chaque jour, en continuant l'application des compresses mouillées. Je fus obligé de toucher, de temps en temps, avec le nitrate d'argent, les bords de la plaie qui commença à se rétrécir dans toute sa circonférence. La persistance de ces moyens fut couronnée de succès, car, le 28 août, il ne restait qu'un petit ulcère de la largeur d'une pièce de vingt-cinq centimes. Le 31 août, je quittai Saint-Laurent, laissant cette femme presque entièrement guérie; je lui dis de venir me trouver à son retour. Le 14 septembre, elle se rendit chez moi : la cicatrice était parfaitement opérée et elle paraissait bien solide.

DEUXIÈME OBSERVATION

Plaies d'armes à feu

M. D..., capitaine de cuirassiers, reçut, en 1815, à la bataille du Mont-Saint-Jean, une balle qui traversa la jambe droite dans la partie moyenne et antérieure; cette balle sortit au milieu des muscles jumeaux. M. D... ne put obtenir la guérison de cette blessure; il arriva à Saint-Laurent avec plusieurs officiers de l'armée de la

Loire, qui étaient blessés comme lui. Il prit des bains et appliqua des compresses imbibées d'eau thermale sur les deux ouvertures. Dix-huit jours s'étaient écoulés, et les deux plaies furent entièrement cicatrisées.

Je me borne à publier ces deux seules *Observations* de guérisons de plaies par les *Eaux thermales de Saint-Laurent,* car tous les Médecins savent parfaitement que la plupart des eaux thermales ont la propriété de cicatriser, en peu de temps, les plaies d'armes à feu ou autres plaies, et même des ulcères qui ont été rebelles à des traitements très bien entendus. Il m'eut été très facile de citer de très nombreuses guérisons opérées à Saint-Laurent, si j'eusse cru que cela fut utile pour établir cette propriété cicatrisante qui est incontestable.

Les *Eaux thermales de Saint-Laurent* sont aussi efficaces contre la lésion des tendons et des ligaments, les entorses, la contracture des membres ou roideur des articulations, et les fausses ankiloses. Chaque année nous avons des exemples de guérisons des ces différentes affections; mais il serait trop long de donner des *Observations* sur chacune de ces lésions en particulier, je sortirais alors des bornes que je me suis prescrites dans ce Mémoire.

Des Affections catarrhales en général

PREMIÈRE OBSERVATION

Catarrhe pulmonaire

Mlle C., des Vans (Ardèche), âgée de 25 ans, peu réglée, d'un tempérament sanguin-nerveux, d'une constitution délicate, contracta, en 1836, un catarrhe pulmonaire qu'elle traita d'abord comme un rhume simple, mais qui s'aggrava beaucoup par le peu de soins qu'elle y apporta. La fièvre s'allumait et puis disparaissait un peu, par intervalle; mais la toux persistait plus ou moins avec la gêne dans la respiration. Elle vint me consulter en 1840; je lui conseillai les *Eaux thermales de Saint-*

Laurent. Cette année même, elle s'y rendit, but les eaux coupées avec le lait et le sirop d'érysimum, respira plusieurs fois par jour la vapeur des eaux en se promenant autour des piscines et prit, également, quelques douches à arrosoir sur les épaules et le thorax. Ce traitement, continué pendant dix-sept jours, a fait disparaître entièrement la toux, l'oppression et le petit mouvement de fièvre qui existait. Je conseillai à Mlle C... un régime doux et le lait de temps en temps. Depuis cette époque, j'ai eu très souvent occasion de voir cette Demoiselle, qui jouit d'une bonne santé, quoique un peu délicate.

SECONDE OBSERVATION

Aphonie catarrhale avec toux fréquente

Jou..., de Saint-Etienne-en-Forez (Loire), âgé de 52 ans, d'un tempérament sanguin-bilieux, d'une constitution assez robuste, après avoir eu une transpiration supprimée, fut pris d'un rhume très intense qui dura deux mois. Un enrouement s'ensuivit et, peu à peu, le timbre de la voix diminua et l'aphonie devint complète. Un charlatan engagea Jou... à se laisser faire une opération dans le fond de la bouche, lui promettant une prompte guérison; il se soumit à cette opération. On lui fit la resection de la luette, qui, comme on le pense bien, ne procura aucun changement dans l'aphonie. M. le docteur Rigolot, consulté, conseilla les *Eaux du Saint-Laurent;* Jou... partit de suite. A son arrivée, la toux avec oppression continuait; il fallait écouter avec attention et se rapprocher beaucoup du malade pour l'entendre lorsqu'il parlait. La poitrine, explorée et percutée, me parut dans son état normal; il n'existait pas de fièvre. Je conseillai à Jou... de prendre l'eau thermale avec du lait et un sirop pectoral, et d'aller respirer la vapeur autour des piscines. Deux jours après, il fit usage des douches légères sur le dos et la poitrine, et il prit quelques étuves. Ce traitement, continué pendant vingt jours, en le modifiant de temps en temps, rendit entièrement la voix à Jou... et fit cesser la toux et l'oppression

TROISIÈME OBSERVATION

Catarrhe pulmonaire avec toux, fièvre et enrouement

La femme V..., de Chandolas, canton de Joyeuse (Ardèche), âgée de 52 ans, d'un tempérament biloso-sanguin, d'une constitution délicate, atteinte, depuis deux ans, d'une toux plus ou moins forte avec gêne dans la respiration et fièvre le soir, vint me consulter, en 1840. Elle avait le poumon droit légèrement affecté, mais on entendait, au moyen du stéthoscope, un léger bruissement ou rale assez régulier dans le sommet du poumon. Il y avait des hémoptysies assez abondantes; cependant. l'expectoration n'était pas abondante ni même très épaisse. Je prescrivis des moyens qui calmèrent un peu la toux, facilitèrent la respiration; en un mot, l'état de cette femme fut un peu amélioré. Je conseillai l'usage des *Eaux thermales de Saint-Laurent;* elle s'y rendit, y séjourna dans le mois de juillet 1843, et obtint un résultat très satisfaisant. J'ai revu, plusieurs fois, cette femme dans le reste de l'année, et l'amélioration qu'elle avait obtenue, pendant son séjour à Saint-Laurent, ne s'est point démentie. Au mois de mars 1844, la femme V... s'étant exposée à un froid assez vif et ayant essuyé, sur le corps, pendant une demi-heure, une pluie froide, la même maladie de l'année d'auparavant se déclara; les mêmes moyens furent mis en usage, ainsi que les *Eaux thermales de Saint-Laurent,* et, cette fois, la cure fut plus complète, car la femme V..., depuis lors, n'éprouva pas la moindre atteinte de cette maladie; elle est morte l'année dernière, à la suite d'une affection étrangère à celle-ci.

Je pourrais citer encore de nombreuses *Observations* de cures opérées par les *Eaux de Saint-Laurent,* pour des affections catarrhales : entr'autres. je mentionnerai celle de Mme veuve Vi..., de Vernon, dont le mari était mort d'une phtisie tuberculeuse, et à laquelle j'avais donné des soins dès le principe de sa maladie. Plus tard, elle réclama ceux de M. le docteur Bonnaure, qui conseilla les *Eaux de Saint-Laurent* à cette Dame et à sa fille, toutes deux atteintes d'un catarrhe pulmonaire qui simulait un commencement de phtisie. Je dirigeai moi-même le traitement de ces deux personnes pendant leur séjour aux eaux, et je pus, comme dans beaucoup d'autres cas, constater l'excellent effet des eaux dans ce genre d'affection. Je n'ai pas cité en détail ces deux *Observations,* que M. le docteur Bonnaure a relatées dans son petit *Opuscule* qu'il a publié sur les *Eaux de Saint-Laurent,* page 37.

OBSERVATION

D'un commencement de Phtisie laryngée

Bl... (Rose), de Rosière, canton de Joyeuse (Ardèche), âgée de 32 ans, à la suite d'un allaitement prolongé de deux enfants, fut atteinte, en février 1849, d'un commencement de phthisie laryngée. L'altération de la voix, la douleur fixe au larynx, la respiration gênée, la fièvre, la toux, les douleurs thoraciques, l'amaigrissement, les sueurs nocturnes, etc., ne laissaient aucun doute sur le genre de sa maladie. Cette femme négligea d'abord cette affection, qui s'accrut en peu de temps; elle rendit des crachats striés de sang, ce qui l'engagea à consulter un Médecin. On prescrivit un régime et un traitement convenables, mais le tout fut suivi très incomplètement. Au mois de juin 1849, elle me consulta, et, malgré la gravité de sa maladie, je lui conseillai d'aller à Saint-Laurent; elle y arriva le 2 juillet. Elle commença par boire un demi-verre d'eau thermale avec autant de lait et une cuillerée à bouche de sirop d'érysimum; elle respira, plusieurs fois par jour, la vapeur de l'eau et se rendit, pareillement, autour des piscines en évaporation. Ce traitement, continué pendant douze ou quinze jours, en augmentant la dose de l'eau à l'intérieur, changea l'état du pouls; la fièvre devint presque nulle, la toux s'affaiblit, la respiration fut moins gênée, les douleurs thoraciques et laryngées devinrent moins vives et moins fréquentes et l'appétit se fit un peu sentir : après ce laps de temps, Rose B... voulut partir. Je conseillai des cautères volants sur le haut du thorax, le lait d'ânesse, etc.; pendant toute l'année, je n'eus pas de nouvelles de cette femme. Au mois de juillet 1850, elle revint à Saint-Laurent; je la revis un peu mieux qu'elle n'était à son départ précédent. Elle fit usage des eaux de la même manière et obtint, encore, une amélioration très marquée; la voix revint presque dans son état naturel. Les règles reparurent pendant son séjour à Saint-Laurent, ce qui n'avait pas eu lieu depuis trois ans : elle partit après un traitement de dix-neuf jours. Les cautères volants avaient cessé de suppurer. En 1851, j'ai revu Rose B...; elle n'était plus reconnaissable : son teint et son embonpoint étaient bons: elle ne souffrait que peu du gosier, la percussion et l'auscultation ne me firent reconnaître qu'un peu de râle sibilant sec ou sifflement. Elle suivit un traitement plus énergique que les années précédentes, et, au bout de quinze jours, elle s'en retourna dans un très bon état de santé. Je lui conseillai de faire rouvrir les cautères volants, de suivre un régime doux et de revenir encore plusieurs années à Saint-Laurent.

Cette *Observation* est digne de remarque à cause de l'amélioration que les *Eaux thermales de Saint-Laurent* ont produite dans une période où les malades offrent peu d'espoir.

Nous avons vu des individus atteints de phtisie pulmonaire guérir, à Saint-Laurent, par l'usage des eaux; tous ne guérissent pas, mais on ne peut pas révoquer en doute que plusieurs, employant les eaux avec un sage discernement, ne voient diminuer leur maladie. Nous pensons, avec M. le docteur Cayol (*Clinique médicale,* page 103), « que les excavations pulmonaires » qui résultent de la fonte des tubercules se tapissent » d'une espèce de membrane muqueuse qui s'organise » peu à peu, à l'aide d'une exsudation membraniforme; » on voit alors la cavité se resserrer sur elle-même jus» qu'au point de n'être qu'une fistule borgne ou une » sorte de cautère. »

Mon père avait recueilli plusieurs *Observations* de guérisons très intéressantes sur cette terrible maladie; je ne les rapporte pas ici, car, en les publiant, je sortirais du plan concis de ce Mémoire, auquel j'ai déjà donné beaucoup plus d'extension que je n'en avais le projet.

De l'Asthme

PREMIÈRE OBSERVATION

Le sieur B..., de Chazot, canton de Largentière (Ardèche), cultivateur, âgé de 26 ans, d'un tempérament bilieux-sanguin, éprouva tout à coup, dans l'hiver de 1847, à la suite d'une transpiration supprimée, une gêne excessive dans la respiration, avec une toux légère et une expectoration rare. Plusieurs moyens furent employés pour combattre cette maladie, mais il n'en éprouva qu'un faible soulagement. Il avait observé que le vent du Midi diminuait cette oppression. Au bout de deux ans de souffrances momentanées, B... vint à Saint-Laurent. Il fut soumis à l'usage des eaux thermales, intérieurement, en même temps qu'à l'extérieur; il en respirait la vapeur en se promenant autour des bains au moment où l'on remplit les piscines; il prit quelques douches à arrosoir sur le thorax et entre les épaules. Ce traitement, continué pendant cinq jours, suffit pour améliorer singulièrement l'état de B... Je lui conseillai l'usage modéré des étuves, qu'il supporta une demi-heure matin et soir, pendant dix jours, ce qui fit disparaître complètement l'asthme de B... Il partit, promettant de revenir s'il avait d'autres atteintes de sa maladie; mais je ne l'ai plus revu ici.

SECONDE OBSERVATION

Asthme humide périodique

Bon..., de Chacornac, canton de Cayres (Haute-Loire), cultivateur, âgé de 29 ans, d'un tempérament bilioso-sanguin, fit, au milieu de la neige, pendant l'hiver de 1832, un voyage de deux jours et contracta un catarrhe bronchique dont il ne put se débarrasser qu'au printemps, malgré les soins et les traitements les mieux entendus. L'hiver suivant, à la même époque et sans aucune imprudence, il fut atteint d'une attaque d'asthme avec une petite toux et expectoration assez abondante; les moyens, employés avec discernement, ne produisirent pas un grand effet dans la position de B... Au printemps, l'asthme disparut, comme le catarrhe bronchique de 1832. Cet état de choses persista ainsi, avec la même régularité, jusqu'en 1842. Mais, au printemps de cette année, l'asthme continua et ne disparut pas, comme les années précédentes; il existait encore, au mois d'août, époque où le malade arriva à Saint-Laurent, d'après les conseils d'un Médecin de son pays. L'oppression était très forte; il était obligé, lorsqu'il était au lit, de se coucher presque assis; le poumon et le cœur ne me présentèrent rien d'anormal, quoique j'eusse poussé mes investigations très loin et le plus minutieusement possible, car, en voyant des symptômes aussi graves, je soupçonnais quelque lésion organique. B... prit les eaux pendant dix-neuf jours, de la même manière que le malade qui fait le sujet de l'*Observation* précédente, et il partit entièrement guéri.

Aménorrhée par atonie

L'aménorrhée, qui dépend d'un défaut de ton de l'utérus, guérit rapidement, par l'usage des *Eaux thermales de Saint-Laurent,* au moyen des bains, des douches sur les lombes et de l'eau bue à la dose de quatre à huit ou neuf verres par jour; nous ne citerons que deux exemples bien remarquables :

PREMIÈRE OBSERVATION

La fille B... L..., de Chandolas, canton de Joyeuse (Ardèche), âgée de 23 ans, d'un tempérament limphatico-sanguin, d'une bonne constitution, éprouva une suppression des règles qui dura onze mois. Les emménagogues, les bains, les saignées locales ou générales, les ferrugineux, etc., rien ne put rappeler le flux menstruel. Lorsqu'elle arriva à Saint-Laurent, en juillet 1847, elle était pâle, amaigrie; elle éprouvait des lassitudes dans les jambes, des douleurs lombaires et abdominales; en un mot, elle était chlorotique. Elle fit usage des eaux thermales pendant douze jours seulement, comme nous l'avons indiqué ci-dessus, et, dès le onzième jour, les règles reparurent, le symptôme de chlorose s'était bien amendé et L... partit, le quinzième jour, bien réglée.

SECONDE OBSERVATION

Mlle B... Ad..., de Meyras, canton de Thueyts, arrondissement de Largentière, âgée de 22 ans, d'un tempérament sanguin-limphathique, avait une suppression totale des règles depuis dix-huit mois. Elle présentait tous les symptômes de la chlorose. Les *Eaux de Saint-Laurent* la rétablirent dans l'espace de dix jours; les règles reparurent et elle fut, de suite, soulagée. Sa santé était parfaite le quatorzième jour; elle partit le lendemain.

Je ne pense pas qu'il soit utile de donner d'autres *Observations* d'aménorrhées guéries par l'usage des *Eaux de Saint-Laurent;* on conçoit aisément que ce moyen agisse avec efficacité par ses propriétés toniques, dans les cas de suppression des règles par atonie.

Des Leucorrhées

Les leucorrhées ou flueurs blanches, dépendant, comme les aménorrhées, d'un relâchement ou atonie du système utérin, trouvent ici une guérison à peu près certaine. Aussi voyons-nous, chaque année, un plus ou moins grand nombre des femmes, tourmentées par des leucorrhées, qui les épuisent et leur occasionnent souvent des digestions pénibles et lentes; en un mot, des gastralgies rebelles à tous les moyens, guérir en peu de temps, à Saint-Laurent, par le moyen des bains, douches, injections et de l'eau intérieurement. Je citerai seulement une seule *Observation* :

OBSERVATION

Mme D... R..., de R..., arrondissement de Privas, âgée de 39 ans, peu réglée, mère d'une fille, ayant continuellement une leucorrhée des plus abondantes depuis dix ans, était atteinte, en même temps, d'une gastralgie consécutive à l'apparition du flux leucorrhique. Elle vint à Saint-Laurent au mois de juillet 1823, prit, pendant quinze jours, les eaux, de la manière que nous avons indiquée au commencement de cet article, et fut entièrement guérie de la leucorrhée et de sa gastralgie. Depuis cette époque, cette Dame avait repris une bonne santé et de la fraîcheur; ses digestions se faisaient parfaitement, et elle mangeait toute espèce d'aliments sans en être incommodée. En 1832, cette Dame éprouva de violents chagrins; elle fut atteinte d'une fièvre nerveuse qui l'enleva en peu de temps.

Des Gastralgies et Entéralgies

Ce genre de maladie est assez commun, et nous voyons, dans chaque saison des eaux, venir à Saint-Laurent, beaucoup de personnes de l'un et de l'autre sexe, dont les digestions sont lentes et pénibles, qui éprouvent des vomissements de matières glaireuses et qui rendent même, parfois, les aliments; nous en voyons d'autres qui ont une véritable lienterie, quelques-unes même atteintes de ces deux maladies en même temps. Ces malades guérissent radicalement comme par enchantement, ou, pour m'exprimer comme certains, qui ont été rapidement guéris et qui disent : « que leur guérison s'o-
» père de la même manière qu'une lampe prête à s'étein-
» dre faute d'aliments, dans laquelle on verse de l'huile. »
Il est certain que c'est la vérité pour le plus grand

nombre. Pour en citer quelques *Observations* de guérisons, je ne serai embarrassé que du choix; je vais prendre au hasard :

OBSERVATION

Mme B..., de Saint-Vallier (Drôme), âgée de 61 ans, d'une constitution délicate, était atteinte, depuis trois ans, d'une gastralgie intense, et ne pouvait digérer qu'avec la plus grande difficulté certains aliments maigres et très légers. Arrivée ici au milieu de juillet 1840, Mme B... fut soumise à l'action de l'eau thermale en boissons, à petite dose et coupée avec l'eau de veau, ensuite avec le lait. On augmenta la quantité d'eau et on diminua celle du lait; les aliments maigres, préparés au gras, furent alors digérés; ensuite le bouillon gras, dont elle n'avait pu user depuis un an, passa bien. On essaya l'eau thermale pure, bue avant et après le repas; elle ne fatigua nullement la malade. Au cinquième jour, elle prit un potage gras et une cotelette de mouton, qui fut parfaitement digérée, sans aucune fatigue. Dès ce moment, Mme B... usa, indistinctement, de tous les aliments, gras ou maigres : elle buvait, immédiatement après le repas, un grand verre d'eau thermale bien chaude, qui précipitait ou facilitait la digestion. Elle partit, le 3 août, après avoir séjourné dix-neuf jours, prônant les *Eaux de Saint-Laurent* comme le meilleur café, disait-elle.

Je ne donne pas d'autres *Observations* pour prouver la propriété des *Eaux thermales de Saint-Laurent* comme curatives de ce genre de maladies, car la connaissance de cette faculté, attribuée à ces eaux, est devenue presque populaire.

Des Scrofules ou Humeurs froides

Les scrofules, sous toutes les formes, sont extrêmement communes dans le département de l'Ardèche; il y a même des localités où elles sont endémiques, et, chaque année, nous avons à traiter un grand nombre de scrofuleux. La ville de Saint-Étienne, département de la Loire, se fait remarquer par la grande quantité d'individus scrofuleux qu'elle nous envoie; c'est surtout parmi l'enfance de l'un et l'autre sexe que règne cette maladie. Les hôpitaux de Saint-Étienne nous ont envoyé, pendant plusieurs années, nombre d'enfants trouvés qui ont obtenu, par les *Eaux thermales de Saint-Laurent,* des résultats très satisfaisants.

Nous avons recueilli de nombreux exemples de guérisons remarquables; nous nous bornerons à en mentionner deux ou trois seulement, sous plusieurs formes, prises au hasard :

PREMIÈRE OBSERVATION

Engorgement scrofuleux des Glandes maxillaires avec trois ulcérations profondes du côté droit du cou depuis deux ans.

Mlle C... T..., de Saint-Étienne-en-Forez (Loire), âgée de 15 ans, non réglée, d'un tempérament limphatico-sanguin, d'une constitution assez délicate, vint à Saint-Laurent le 6 juillet 1843, ayant toutes les glandes maxillaires engorgées et présentant, sur le côté droit du cou, trois ulcères, dont un surtout avait trois ou quatre millimètres de profondeur; il n'y avait pas de fièvre : cette affection datait de deux ans.

Mlle C... fut soumise d'abord à l'usage des bains tempérés et de l'eau en boissons; on appliquait continuellement, sur les ulcères, de la charpie imbibée d'eau thermale, qu'on avait soin de renouveler de temps en temps. On lui fit prendre ensuite, une fois, puis deux par jour, une légère douche sur les glandes engorgées et une étuve de courte durée. Ce traitement, tantôt suivi exactement, tantôt modifié et continué jusqu'au 4 août, décida la cicatrisation des trois ulcères et la résolution des glandes engorgées, excepté une seule, du côté gauche du cou, pour laquelle nous prescrivîmes l'emploi de l'iode à l'intérieur et à l'extérieur, uni aux amers, et avec recommandation à Mme C... de ramener sa fille l'année suivante. En 1844, nous revîmes notre malade, colorée, fraîche et ayant de l'embonpoint. Les règles s'étaient établies depuis deux mois, mais faiblement; il n'existait qu'un petit engorgement glanduleux du côté gauche du cou, qui était celui qui avait résisté au traitement de 1843; mais on avait de la peine à en constater l'existence à la vue, il fallait explorer avec quelque attention pour le reconnaître. Nous fîmes suivre à Mlle C... le même traitement de l'année précédente, sauf quelques modifications, et, après avoir séjourné vingt jours, elle fut bien réglée et partit bien guérie. Cette année nous eûmes onze jeunes personnes de Saint-Étienne, et cinq jeunes gens du même département, qui obtinrent une guérison et une amélioration si marquée, que MM. les Médecins des hospices de Saint-Etienne se décidèrent à nous envoyer un certain nombre d'enfants trouvés affectés de cette maladie.

SECONDE OBSERVATION

Tumeur blanche scrofuleuse de l'articulation tibio-tarsienne gauche avec ulcération, fistules, carie et exfoliation des os.

Guil... (Victor), de Saint-Alban, canton de Joyeuse (Ardèche), âgé de 14 ans, d'un tempérament lymphatico-sanguin, fut atteint, en 1842, d'une tumeur blanche à l'articulation de la jambe gauche avec le pied. Cette maladie fut négligée; il se forma une ulcération peu étendue, mais profonde, qui ne fut pas soignée. Il s'établit une suppuration peu abondante; puis l'on vit paraître plusieurs points fistuleux, toujours accompagnés de douleurs violentes et avec fièvre. Cet état dura dix-huit mois. Le jeune malade m'ayant fait appeler, je lui conseillai les *Eaux de Saint-Laurent;* il s'y rendit de suite, et, après avoir fait usage de quelques bains, douches et injections d'eau thermale dans les sinus fistuleux, pendant cinq jours; j'introduisis une sonde, à l'aide de laquelle je reconnus la présence de trois esquilles, dont je fis l'extraction. Dès ce moment, les trois points fistuleux et l'ulcère se cicatrisèrent, dans l'espace de dix jours, et, au bout de vingt-un jours de traitement par les eaux thermales, le jeune Guil... partit de Saint-Laurent, ne conservant qu'une seule fistule à la partie extrême du tarse; à cette époque, on rencontrait, avec la sonde, des rugosités des os, et même on pouvait reconnaître un peu de mobilité dans un séquestre assez considérable. La tumeur blanche avait beaucoup diminué, les douleurs étaient presque nulles; je conseillai à Guil... de faire usage de l'hydro-chlorate de Baryte et de quelques amers; au bout d'un mois, je retirai un séquestre d'os énorme; la suppuration continua jusqu'à l'époque de la saison des eaux. Le jeune malade fit, de nouveau, le voyage de Saint-Laurent, et dix-huit jours de traitement suffirent pour le guérir entièrement.

TROISIÈME OBSERVATION

Engorgement des glandes cervicales maxillaires, depuis trois ans. Ophtalmie scrofuleuse et Aménorrhée

Mlle Farg..., de Sainte-Eulalie, canton de Burzet (Ardèche), âgée de 16 ans, d'un tempérament lymphatico-sanguin, d'une bonne constitution, fut atteinte, en 1845, d'un engorgement des glandes cervicales et maxillaires des deux côtés du cou et de la mâchoire inférieure. Cet engorgement augmenta, progressivement, sans faire souffrir beaucoup la malade. En janvier 1848, il se déclara une ophtalmie aux deux yeux, qui fut combattue par les anti-phlogistiques et autres moyens qui ne firent qu'aggraver le mal. A la fin de juin de la même année, Mlle Farg..., par les conseils de M. le docteur Tailland, se rendit à Saint-Laurent. Les glandes du côté gauche du cou avaient acquis le volume d'un œuf de poule; les glandes maxillaires formaient une espèce de chapelet, sous la mâchoire inférieure. L'œil droit était excessivement enflammé et ne pouvait supporter la lumière qu'avec la plus grande peine; le gauche était moins emflammé, mais il existait un *leucoma,* de la grandeur d'une lentille, à la partie inférieure de la cornée transparente, sous l'iris; l'œil était moins sensible aux rayons lumineux. Il y avait une sécrétion muqueuse plus ou moins abondante. Mlle Farg... n'était pas réglée; il existait, de temps en temps, de la céphalalgie, et presque pas de fièvre. Je prescrivis, d'abord, des pédiluves, quelques bains de vapeur pour les yeux, qui étaient lavés souvent avec l'eau thermale, et, en boissons, cinq verres de cette eau dans la matinée. Trois jours après, les yeux allaient beaucoup mieux, plus de céphalagie : la malade pouvait supporter la lumière; l'inflammation des conjonctives était presque réduite à rien. Je prescrivis alors les bains généraux, les douches sur les engorgements glanduleux, puis les étuves; les lotions avec l'eau thermale furent continuées ainsi que l'usage interne de l'eau, qui fut porté à la dose de neuf verres par jour. Je conseillai aussi les douches sur les lombes, afin de provoquer le flux menstruel; à la fin du cinquième jour, Mlle Farg... fut réglée. Nous modifiâmes le traitement; dès lors, tout alla de mieux en mieux. Les glandes engorgées diminuèrent de moitié, et beaucoup même se résolurent ou fondirent; en un mot, au bout de vingt-huit jours de traitement, Mademoiselle était grasse, fraîche, les yeux débarrassés de l'ophtalmie; le *leucoma* s'était réduit des deux tiers, et elle lisait sans être fatiguée. A son départ, j'engageai Mlle Farg... à faire usage, une fois par jour, pendant dix ou douze jours, du collire sec de Dupuytren, qu'on lui insufflerait dans l'œil où existait le *leucoma*; et, plus tard, s'il ne disparaissait pas, de le toucher avec un pinceau trempé dans le laudanum de Sydenham. En 1849, un notaire de Burzet me dit que Mlle Farg... était parfaitement guérie.

De la Surdité

Je ne prétends point avancer ici que les *Eaux thermales de Saint-Laurent* guérissent toute espèce de surdité; au contraire, je me bornerai à mentionner leur action curative dans les cas seulement de la rétrocession ou métastase d'une maladie de la peau, ou d'une affection catarrhale ou rhumatismale. Sous ce rapport, nous avons, chaque année, des exemples fréquents de guérisons, et je ne pense pas qu'aucun de mes confrères révoque en doute la puissance médicatrice de ces eaux, dans des cas semblables. Je citerai seulement l'exemple suivant :

OBSERVATION

La nommée GAS... M..., de Sainte-Mélanie, canton de Valgorge (Ardèche), âgée de 43 ans, était atteinte, depuis six ans, d'un rhumatisme chronique ambulant. En 1848, au mois de février, les douleurs rhumatismales se fixèrent aux deux épaules et au bras droit; cette femme s'exposa à la vapeur de plantes aromatiques en ébullition dans le vin, et prolongea ce bain de vapeur pendant près d'une heure, en plongeant, dans la décoction de ces plantes, des cailloux rougis au feu. Les douleurs disparurent entièrement; mais la surdité, presque complète, s'en suivit immédiatement. Divers moyens : les sudorifiques, injections dans les oreilles, vésicatoires, furent employés, mais inutilement. La malade se décida à venir à Saint-Laurent le 20 août 1848. Elle prit des bains, des douches à la nuque et sur les épaules, des étuves et des injections d'eau thermale dans les oreilles, pendant cinq jours, sans aucun changement; mais, le sixième jour, le rhumatisme revint au bras droit et à l'épaule du même côté. Dès ce moment, l'ouïe est rendue, l'oreille droite surtout est dans son état naturel; mais l'ouïe du côté gauche n'est point encore revenue. Il y eut des sueurs abondantes; je conseillai les mêmes moyens, et tout rentra dans l'état naturel le dixième jour; le rhumatisme disparut par la transpiration, excesssivement abondante.

OBSERVATIONS DIVERSES

Observation d'une Exostose à la clavicule, provenant d'un coup de sabre

M. de Fran..., officier d'état-major, aide-de-camp du général B..., âgé de 45 à 50 ans, reçut, dans les guerres de l'Algérie, un coup de sabre sur la partie moyenne de la clavicule droite. Il en résulta une gêne dans les mouvements d'élévation du bras; il se forma, peu à peu, une exostose du volume d'une grosse noix. M. de Fran... consulta plusieurs Médecins, qui lui conseillèrent différents traitements, mais ils ne produisirent aucun amendement. Il était atteint d'une sciatique, pour laquelle il vint prendre les *Eaux de Saint-Laurent,* et je lui conseillai de faire tomber la douche sur l'exostose, ne pensant pas qu'on put obtenir un grand résultat; mais, contre mon attente, l'exostose diminua progressivement et finit par disparaître entièrement. Mon père avait vu un fait semblable pour une exostose de la tête du tibia. Il n'est pas rare de voir résoudre ou fondre des exostoses par l'usage des *Eaux thermales de Saint-Laurent,* lorsqu'elles reconnaissent pour cause un vice syphilitique; nous en avons des exemples fréquents.

Observation d'Ankilose incomplète ou fausse Ankilose

Le nommé Cap..., de Saint-Pons, canton de Villeneuve-de-Berg, âgé de 56 ans, se fractura, dans une chute, le bras gauche à la partie moyenne de l'humérus. Un repos trop prolongé de l'extrémité supérieure gauche, prescrit par un paysan qui réduit les fractures, occasionna une fausse ankilose de l'articulation scapulo-humérale gauche. Le malade, à son arrivée à Saint-Laurent, le 10 juillet 1824, ne pouvait pas porter la main à la bouche; les mouvements de cette articulation étaient très bornés. Mon père prescrivit les bains et les douches, et, au neuvième jour, le bras avait recouvré presque tous ses mouvements. Un séjour à Saint-Laurent, prolongé de huit jours, rendit le jeu de l'articulation complet.

Observation d'Ankilose vraie

Delab..., de Sainte-Foy, canton de Fay-le-Froid (Loire), âgé de 37 ans, fut atteint, en 1820, d'un dépôt scrofuleux qui eut son siège au genou gauche, et dont la suppuration dura trois ans; il y eut même la sortie de plusieurs esquilles. Le malade ne pouvait marcher qu'avec une béquille, ni fléchir ou étendre la jambe, qui était dans un état de flexion permanent sur la cuisse et formant un angle droit avec cette dernière. Du reste, il n'y avait pas de douleurs, à moins qu'on ne voulût forcer les mouvements d'extension et de flexion. Alors, dans ces efforts, on pouvait obtenir un léger mouvement. C'est dans cet état que Delab... arriva à Saint-Laurent, le 6 juillet 1823. Il prit des bains pendant trois jours, ensuite des douches, avec recommandation, de la part de mon père, de faire faire à la jambe malade des mouvements forcés d'extension et de flexion pendant le bain et la durée de la douche. Le dixième jour de ce traitement, il avait gagné deux pouces d'extension, et, le dix-neuvième, près de quatre pouces. Il partit dans cet état, pouvant marcher avec une canne, quoique bien boîteux. Cette *Observation* n'est pas complète, puisque la cure de Delab... n'est pas radicale; mais elle démontre, du moins, la propriété des *Eaux thermales de Saint-Laurent* dans ce genre d'affection.

Observation de Chorée ou danse de Saint-Guy, guérie en six jours

Le jeune Cha... (Jean), de Vagnas, canton de Vallon (Ardèche), âgé de 13 ans, ayant été battu à coups de bâton, le 10 janvier 1839, fut très effrayé de ce mauvais traitement; cependant, il ne reçut aucune blessure sur le corps; on n'apercevait même aucune ecchymose. Il rentra chez lui tout tremblant; on fit appeler un Médecin, qui fit une saignée et prescrivit d'autres remèdes qui, loin de calmer le tremblement continuel. semblèrent aggraver son état. Peu à peu, il se déclara une chorée des plus intenses. Cet enfant avait les extrémités supérieures et inférieures continuellement en mouvement, et, dès qu'on voulait lui saisir les bras ou les jambes, il entrait dans de violentes convulsions qu'on ne pouvait maîtriser. Cet individu, appartenant à des parents qui étaient dans un état voisin de l'indigence, ceux-ci négligèrent toute espèce de traitement. A la fin de juillet 1838, M. le Curé de Vagnas engagea les parents de Cha... à porter leur enfant à Saint-Laurent. Je constatai, à cette époque, l'existence de la chorée chez cet individu, qui prit une crise des plus fortes lorsque je voulus explorer le pouls; il se mit même à pousser des cris. Je conseillai de le mettre dans un bain d'eau thermale extrêmement tempéré. J'avoue que je n'avais pas grand espoir dans ce moyen; je le dis même à la mère : mais ce bain sembla diminuer les convulsions, et le malade put se laisser tâter le pouls sans que les mouvements désordonnés des extrémités devinssent plus forts. Le même moyen fut continué et, au quatrième bain, à ma grande surprise, le jeune Cha... entra dans mon cabinet, se soutenant seulement sur un bâton, tandis qu'à son arrivée à Saint-Laurent, sa mère me l'avait apporté entre ses bras, vu qu'il ne pouvait marcher. Encouragé par une amélioration aussi inattendue, je puis même dire inespérée, je prescrivis deux bains par jour et, le cinquième jour de ce traitement, le jeune Cha... était revenu dans son état normal.

Plusieurs autres *Observations* de guérison de chorée ont eu lieu à Saint-Laurent, mais jamais la maladie n'avait été aussi prononcée que chez cet individu.

Nous pourrions encore rapporter nombre d'*Observations* intéressantes pour diverses autres lésions; ainsi, nous voyons, tous les ans, un grand nombre de personnes qui ont eu des fractures, des luxations, des entorses, des lésions des tendons ou des ligaments, faiblesse dans les extrémités, éprouver une guérison complète; et ceux qui ne sont pas radicalement guéris obtiennent toujours une amélioration bien marquée.

Il est aussi une affection bien grave, que nous avons vu guérir, d'une manière incomplète, il est vrai; mais, au moins, les malades étaient, souvent, dans un état si voisin de l'état normal, que nous pourrions classer cet état d'amélioration comme une guérison. Je présume même qu'il est presque impossible d'obtenir, pour cette maladie, une cure plus radicale que celle opérée par les *Eaux thermales de Saint-Laurent;* je veux parler de la luxation spontanée du fémur ou coxalgie. Parmi les nombreux exemples de guérisons, je pourrais en citer un qui remonte déjà à quelques années : c'est celui de la cure d'une jeune personne avec laquelle je suis allié, et pour laquelle je fus en correspondance avec M. Delpech, qui me témoigna son grand étonnement d'une guérison aussi complète. Si, malheureusement, il n'eût pas été enlevé aussitôt à la science et à ses amis, il aurait fait paraître un Mémoire sur la *Coxalgie.* Il m'avait demandé beaucoup de renseignements sur cette cure, qu'il regardait comme une des plus belles et dépassant même les beaux résultats qu'on obtient dans les établissements orthopédiques. Nous voyons, de temps en temps, arriver ici des personnes atteintes de douleurs ostéocopes syphilitiques, être débarrassées de ces douleurs, par les *Eaux thermales de Saint-Laurent*, dès que la transpiration commence à s'établir.

Une seule *Observation,* bien digne de fixer l'attention de mes confrères, mais que je crois unique, c'est la guérison d'une amaurose ou goutte sereine, guérie à Saint-Laurent. Cette maladie, qui est une des affections les plus graves de l'organe de la vue, a occupé et préoccupe encore les Médecins ophtalmologistes dans la recherche des moyens curatifs qui, bien souvent, échouent, surtout si l'on ne peut parvenir à reconnaître la cause de la maladie. Aussi, si je cite l'*Observation* que mon père fit en 1808, concernant une femme du Béage, canton de Coucouron (Ardèche), âgée de 26 ans, c'est pour prouver qu'il est bien plus facile de guérir une maladie lorsqu'on connaît la cause qui l'a développée. Cette jeune femme était atteinte d'une affection rhumatismale depuis trois ans, lorsque, tout-à-coup, sans cause connue, les douleurs qui existaient aux lombes et aux cuisses cessèrent entièrement; mais, des douleurs à la tête se manifestèrent, et la vue s'affaiblit progressivement dans un mois, au point que la malade ne pouvait plus voir à se conduire; la pupille était entièrement immobile, et l'iris ne se contractait nullement. Mon père, consulté par cette malade, pensa qu'il s'était opéré une métastase du principe rhumatismal, et conseilla à son mari de la laisser à Saint-Laurent, afin de guérir le rhumatisme, espérant triompher de l'amaurose. L'espoir de mon père ne fut point trompé, car, dès qu'une transpiration abondante se fut établie, au moyen des étuves prolongées jusqu'à près de trois quarts d'heure, matin et soir, conjointement avec les bains et les douches, le rhumatisme reparut à la cuisse et à la jambe gauche, la vue se rétablit peu à peu, la céphalalgie cessa entièrement, et cette jeune femme témoigna à mon père sa reconnaissance en versant des larmes. Après vingt jours de traitement, elle partit de Saint-Laurent en parfaite santé et apercevant les plus petits objets. Voilà une belle cure d'amaurose, mais je n'ai pas la prétention de vanter la puissance ou la propriété des *Eaux thermales de Saint-Laurent* comme devant guérir toutes les amauroses; je ne rapporte que ce fait, mais peut-être se serait-il opéré un plus grand nombre de guérisons à Saint-Laurent, si les Médecins y avaient envoyé leurs malades; cependant, je ne crois pas que tous eussent pu guérir. Ceux qui ont été atteints d'amauroses par suite d'une métastase rhumatismale, arthritique, catarrhale, ou bien par la disparition subite d'un exanthème, peuvent avoir espoir de guérir par ce moyen; j'engagerai donc les malades qui pourront m'honorer de leur confiance à venir essayer ces eaux, dont l'administration entendue n'offre aucun danger.

REMARQUES GÉNÉRALES

Tirées des Observations qui m'ont été fournies dans ma pratique

L'*Observation* nous a démontré que les *Eaux thermales de Saint-Laurent* agissaient avec d'autant plus d'efficacité, surtout dans les affections rhumatismales, catarrhales et les névralgies, que la température atmosphérique était plus élevée et qu'il y avait moins d'humidité.

En général, nous voyons souvent une exacerbation arriver dans les maladies que nous avons à traiter à Saint-Laurent, lors des variations de la température; ce qui a lieu fréquemment, comme dans beaucoup de localités des montagnes. La transition est extrêmement brusque dans ce pays, car nous avons observé le thermomètre, le matin, à 10°, et, le soir, à 20°; ce changement influe spécialement sur les rhumatismes de tout genre et les autres affections que nous avons déjà mentionnées, ainsi que sur les asthmes et autres affections pulmonaires. Nous voyons beaucoup de malades qui, dès le début de leur traitement, éprouvent des douleurs plus intenses qu'avant d'avoir fait usage des eaux, ce qui est souvent de bon augure; nous les rassurons, car, ordinairement, ce sont les individus, qui plus tard, soit pendant leur séjour aux eaux, soit après leur retour, surtout s'ils habitent des pays chauds, éprouvent, sinon une guérison complète, du moins, une amélioration bien marquée. Ce que j'avance n'est point une *Observation* nouvelle, car elle a été faite depuis longtemps dans plusieurs établissements thermaux, tels que ceux de Louëche ou Leuk, en Suisse, Les eaux agissent alors en excitant une fièvre plus ou moins forte et qui dure peu; elle nous paraît presque une nécessité, car nous sommes à peu près certains du succès du traitement des individus chez qui nous la remarquons; cependant, nons sommes loin de généraliser cet axiome, car un grand nombre de malades guérissent parfaitement sans avoir éprouvé cette fièvre qui, par conséquent, ne devient pas une nécessité absolue chez tous.

Nous avons observé, et mon père longtemps avant moi, que les personnes affectées d'une irritabilité nerveuse supportaient plus difficilement les bains de vapeur *(l'action de la vapeur qui s'échappe des piscines)* que les étuves, dans les cabinets desquelles la température s'élève à 40 et 42° Réaumur; aussi avons-nous soin de conseiller ce dernier moyen aux femmes nerveuses, dont les nerfs sont susceptibles d'irritation.

Un abus contre lequel mon père avait réclamé, et que je suis en droit de combattre, vraisemblablement sans plus de succès, est le trop court séjour que chaque malade a l'habitude de faire à Saint-Laurent. Ils se retirent, ordinairement, au bout de neuf jours, quelle que soit leur position. C'est, pour la plupart, aux approches de ce temps qu'il se prépare un mouvement critique d'où peut dépendre leur guérison; et les observations que leur font les Médecins ne peuvent être d'aucun poids en comparaison des considérations que leur présente souvent un esprit d'économie mal entendu. Les résultats sont, pour l'ordinaire, une guérison incomplète, qui obligera à reprendre les eaux plusieurs années de suite, tandis qu'on aurait pu recouvrer une santé parfaite la première année. Cependant, il arrive, quelquefois, que des personnes, habitant les pays chauds trouvent, dans leurs foyers, une température qui facilite une crise favorable; mais, malheureusement, ce n'est pas le plus grand nombre qui obtient cet avantage. On pourra se convaincre de la vérité de ce que j'avance dans la lecture des *Observations* de guérison que je publie au cinquième chapitre de ce Mémoire, car tous les malades qui en font l'objet ont séjourné à Saint-Laurent au moins quinze ou dix-huit jours pour obtenir la cure de leur maladie; et ce temps-là n'est souvent pas même suffisant. C'est dans cette classe de malades qui ne font, aux eaux, pour ainsi dire qu'une courte apparition, que l'on trouve les détracteurs des établissements d'eau minérale. Je le répète encore, je ne suis point un prôneur des *Eaux de Saint-Laurent* ou de tout autre établissement thermal, mais je sais rendre justice à qui elle est due.

Nous voyons, chaque année, des malades qui, après quelques jours de traitement qu'ils se sont prescrits eux-mêmes, ou bien qui suivent une mauvaise routine, ou qui, quelquefois, abusent des bains, des étuves, des douches ou font un usage interne immodéré des eaux, éprouvent de la fièvre, de l'inappétence, du dégoût, se récrier contre les eaux; mais une seule objection suffira pour les convaincre qu'ils ont tort, car, s'ils avaient suivi l'avis de leur Médecin, ils eussent été exempts des maux qu'ils se sont procurés par leur imprudence. Du reste, dans ce cas-là, une boisson animale et souvent laxative suffit pour rétablir la santé de ces personnes, qui, alors, deviennent plus dociles aux conseils de leur Médecin.

Voilà quelques remarques que j'ai cru devoir énoncer à la fin de ce Mémoire, afin de compléter ce travail, dont la publication n'est qu'un précis sur cette matière, qui pourra, plus tard, être traitée plus au long : ici j'ai voulu me renfermer dans les bornes d'un Mémoire.

Le travail que je publie n'est point une spéculation bibliographique, car j'aurais eu tort et j'aurais certainement manqué mon but; il eût fallu plus de talent, de savoir et d'expérience que je n'en possède. Ce n'est point non plus par amour-propre, car je ne pense pas que cette publication puisse jamais le flatter; mais j'ai eu en vue le bien public et le soulagement de l'humanité. J'ai été consciencieux et véridique avant tout, et, si j'ai pu errer dans les rapports que j'ai donnés au chapitre des *Observations*, j'aurai été trompé par la publication des notes que j'ai empruntées à la longue expérience de mon père. Je me croirai heureux si j'ai pu être utile à quelques malades, en faisant connaître un moyen thérapeutique aussi efficace que les *Eaux de Saint-Laurent*; c'est là l'unique but que je me suis proposé, sans aucune arrière-pensée, et c'est toute la récompense que j'en attends.

Serait-ce ici le lieu de mettre au jour les différentes demandes qui ont été faites au Gouvernement, d'établir à Saint-Laurent un hôpital militaire? Je l'ignore, et je ne pense même pas que le Gouvernement puisse encore avoir en vue un projet qui n'a pu avoir son exécution dans un temps où les finances étaient dans un état de prospérité bien plus grand qu'aujourd'hui. A cette époque, des demandes de la part des Autorités supérieures du département, des habitants de Saint-Laurent et du Médecin-Inspecteur, avaient été adressées aux Ministres. L'Ingénieur en chef de l'Ardèche, M. Lefranc, avait été chargé de donner un plan et un devis du futur établissement; ce qui fut exécuté : mais le Gouvernement de 1830 arriva et paralysa tous ces projets, qui ont été comme non-avenus. Rien n'a été changé à Saint-Laurent, et l'avantage du Gouvernement serait toujours le même pour un hôpital militaire dans ce point central de la France. Espérons qu'un jour nous verrons réaliser un projet qui serait avantageux à tous et surtout pour notre département.

FIN

RÈGLEMENT

POUR LES

Eaux thermales de Saint-Laurent-les-Bains

ARTICLE PREMIER

La saison des eaux thermales commencera le 1er juin et se terminera le 1er octobre.

ART. 2

Les *Eaux de Saint-Laurent* seront administrées tous les jours, sous forme de bains de piscine, douches et étuves, depuis quatre heures jusqu'à neuf heures du matin, dans chacun des Établissements;

Une buvette sera annexée aux Établissements pour les malades qui devront faire usage de l'eau en boisson.

ART. 3

En dehors des heures sus-indiquées, les malades qui voudraient prendre des bains particuliers : douches, étuves, inhalations, etc., devront s'entendre avec les propriétaires, et les payer en sus du traitement.

ART. 4

La température des bains, douches, étuves, etc., sera réglée par le Médecin-Inspecteur ou par tout autre Médecin de la station, et un thermomètre devra être mis à la disposition des malades pour contrôler la température des eaux.

ART. 5

Nul ne pourra être admis à prendre les *Eaux de Saint-Laurent* s'il n'est muni d'une carte d'admission, à l'un ou à l'autre des Établissements, et s'il n'a acquitté le montant de la redevance balnéaire.

Art. 6

Cette Carte sera délivrée par le Médecin-Inspecteur, qui indiquera à chaque baigneur l'heure à laquelle il devra prendre son traitement et le genre de traitement qu'il devra employer.

Art. 7

Les eaux des bains seront renouvelées tous les jours, les piscines bien nettoyées et aménagées de telle façon que, chaque jour, les eaux soient à la même température.

Art. 8

Les divers systèmes de douches ne pourront être employés qu'après avis du Médecin-Inspecteur ou des Médecins de la station.

Art. 9

La durée des douches sera de dix minutes, au maximum.

Art. 10

Les bains particuliers et douches, établis nouvellement comme annexe aux Établissements, seront payés en sus du droit des eaux.

Art. 11

L'usage des bains publics sera interdit à toute personne atteinte d'une affection de la peau ou d'une maladie contagieuse. — Ces malades pourront suivre un traitement spécial et prendre des bains particuliers, mais seulement après avis et ordonnance d'un des Médecins de la station.

Art. 12

On ne pourra, dans aucun cas et sous aucun prétexte, entrer dans les bains communs avant l'heure fixée et à d'autres heures que celles indiquées à l'art. 2.

Art. 13

La rétribution volontaire, donnée par les chefs des Établissements au Médecin-Inspecteur, sera remplacée par le droit dont il va être parlé à l'article suivant.

Art. 14

Tous les baigneurs de la seconde table et au-dessous, de même que ceux du ménage et ceux qui sont logés en dehors des Établissements verseront, à leur arrivée, en échange de la carte d'admission, un droit de 1 fr. entre les mains du Médecin-Inspecteur. — Les baigneurs de la première table acquitteront aussi, au Médecin-Inspecteur, un droit de 3 fr.

Art. 15

Les personnes logées en dehors des Établissements seront tenues à payer, au propriétaire ou gérant de l'Établissement dans lequel elles prendront leurs bains, une redevance de 5 fr. pour neuf jours de traitement. Ce droit de 5 fr. sera acquis au propriétaire, bien que le malade n'accomplisse pas une période de neuf jours de traitement;

Si le malade poursuit son traitement au-delà du délai énoncé ci-dessus, il sera tenu de payer un droit de 50 centimes par jour, en sus de la redevance de 5 fr., au propriétaire ou gérant de l'Établissement.

Art. 16

Les habitants de Saint-Laurent qui reçoivent et logent des baigneurs devront, sous leur responsabilité, prévenir leurs pensionnaires qu'ils ne seront admis à suivre un traitement qu'après avoir présenté leur carte d'admission et avoir versé, entre les mains des propriétaires, la somme de 5 fr. dont il a été parlé ci-dessus.

Art. 17

Ce Règlement sera, chaque année, contrôlé par le Maire et affiché dans chacun des Établissements, après avoir été revêtu de l'approbation Préfectorale.

Privas, 8 janvier 1892.

Vu par le Préfet de l'Ardèche, en exécution l'art. 16 du décret du 28 janvier 1860,

DUCOS.

TABLE DES MATIÈRES

Pages

PRÉFACE ....

PRÉAMBULE, où est indiquée la division du Mémoire, en cinq chapitres distincts 7

CHAPITRE Ier. — Topographie de Saint-Laurent, de ses sources thermales et indications des productions du pays 10

CHAPITRE II. — Nature et analyse des Eaux thermales de Saint-Laurent. 12

CHAPITRE III. — Des propriétés médicales des Eaux de Saint-Laurent et de leur mode d'administration 17

CHAPITRE IV. — Des différents systèmes, émis jusqu'à ce jour, sur la cause de la chaleur des Eaux thermales 25

CHAPITRE V. — Des différentes Observations, recueillies à Saint-Laurent, afin d'étayer les propriétés des Eaux thermales, etc 37

DES PARALYSIES 38

Première Observation. — Paralysie complète des doigts de la main droite, par suite d'une chute sur le bras et l'avant-bras droits et sur le dos de la main droite 39

Seconde Observation. — Hémiplégie gauche 40

Troisième Observation. — Paralysie complète de la cuisse gauche, causée par la chute d'un arbre, sur cette partie 41

Quatrième Observation. — Paralysie de l'extrémité inférieure gauche, à la suite d'une chute sur les pieds 42

Cinquième Observation. — Paralysie de la langue, qui a succédé à une attaque d'apoplexie 43

Sixième Observation 45

Septième Observation. — Hémiplégie incomplète du côté gauche 46

DES RHUMATISMES 47

Première Observation. — Rhumatisme du cuir chevelu 47

Seconde Observation. — Rhumatisme fixé sur le cuir chevelu et surdité du côté droit 48

Troisième Observation. — Rhumatisme articulaire 49

Quatrième Observation. — Rhumatisme articulaire 50

Cinquième Observation. — Rhumatisme goutteux fixé surtout aux articulations des extrémités inférieures 51

Sixième Observation. — Rhumatisme fixé au bras, à l'avant-bras et à la main du côté gauche, avec émaciation du bras et de la main 52

Septième Observation. — Rhumatisme goutteux 54

Huitième Observation. — Rhumatisme goutteux depuis deux ans 55

Pages

Neuvième Observation. — Rhumatisme chronique.................... 56
Dixième Observation. — Rhumatisme chronique..................... 57
Onzième Observation. — Rhumatisme général....................... 58
DES SCIATIQUES ET NÉVRALGIES...................................... 59
Première Observation. — Sciatique gauche........................ 59
Seconde Observation. — Sciatique................................ 60
Troisième Observation. — Sciatique et Lumbago................... 60
Quatrième Observation. — Sciatique.............................. 61
Cinquième Observation. — Sciatique.............................. 62
Sixième Observation. — Sciatique très-intense des deux côtés.... 63
Septième Observation. — Sciatique droite........................ 63
Huitième Observation. — Névralgie faciale ou Tic douloureux..... 64
Neuvième Observation. — Névralgie faciale périodique depuis dix ans... 65
Dixième Observation. — Névralgie faciale droite................. 66
DE LA GOUTTE.. 77
Première Observation. — Goutte depuis quatre ans................ 68
Seconde Observation. — Goutte................................... 69
Troisième Observation. — Goutte................................. 70
DES MALADIES DE LA PEAU... 72
Première Observation. — Dartre icthiose......................... 73
Seconde Observation. — Dartre furfuracée........................ 74
Troisième Observation. — Dartre pustuleuse ou Montagne d'Alibert..... 75
Quatrième Observation. — Couperose ou Acné rosacea.............. 76
Cinquième Observation. — Gale invétérée......................... 77
DES VIEUX ULCÈRES ET PLAIES D'ARMES A FEU......................... 77
Première Observation. — Ulcère atonique datant de six mois....... 77
Deuxième Observation. — Plaie d'armes à feu..................... 78
DES AFFECTIONS CATARRHALES EN GÉNÉRAL............................. 79
Première Observation. — Catarrhe pulmonaire..................... 79
Seconde Observation. — Aphonie catarrhale avec toux fréquente.... 80
Troisième Observation. — Catarrhe pulmonaire avec toux, fièvre et enrouement........ 81
OBSERVATION d'un commencement de Phtisie laryngée.................. 82
DE L'ASTHME... 84
Première Observation.. 84
Seconde Observation. — Asthme humide périodique................. 84
DE L'AMÉNORRHÉE PAR ATONIE.. 85
Première Observation.. 85
Seconde Observation... 86
DES LEUCORRHÉES... 86
Observation... 87
DES GASTRALGIES ET ENTÉRALGIES.................................... 87
Observation... 88
DES SCROFULES OU HUMEURS FROIDES.................................. 88

Pages
Première Observation.. 89
Seconde Observation. — Tumeur blanche scrofuleuse de l'articulation tibio-tarsienne gauche avec ulcération, fistules, carie et exfoliation des os. 90
Troisième Observation. — Engorgement des Glandes cervicales maxillaires depuis trois ans. Ophtalmie scrofuleuse et Aménorrhée 91
DE LA SURDITÉ.. 93
Observation 93

OBSERVATIONS DIVERSES

Observation d'une Exostose à la clavicule provenant d'un coup de sabre. 94
Observation d'Ankilose incomplète ou fausse Ankilose................ 94
Observation d'Ankilose vraie.. 95
Observation de Chorrée ou Danse de St-Guy, guérie en six jours 95
Désignation de diverses autres lésions guéries à Saint-Laurent.......... 99
Guérison de Coxalgies 99
Guérison d'Amauroses.. 100
Remarques générales, etc.. 100
But unique que l'Auteur s'est proposé........................ 101
Hôpital militaire à fonder à Saint-Laurent 102
Règlement sur les Eaux thermales de Saint-Laurent 103

FIN DE LA TABLE

Alais — Typ. et Lith. A. BRUGUEIROLLE, Grand'Rue, 93

www.ingramcontent.com/pod-product-compliance
Ingram Content Group UK Ltd.
Pitfield, Milton Keynes, MK11 3LW, UK
UKHW020244220726
13923UKWH00002B/809

9 782019 259266